设施园艺作物生产关键技术问答丛书

设施大樱桃
栽培与病虫害防治

SHESHI DAYINGTAO ZAIPEI YU
BINGCHONGHAI FANGZHI BAIWEN BAIDA

百问百答

田利光　李明丽　原文刚　主编

中国农业出版社
北 京

图书在版编目（CIP）数据

设施大樱桃栽培与病虫害防治百问百答 / 田利光，李明丽，原文刚主编 . —北京：中国农业出版社，2023.12

（设施园艺作物生产关键技术问答丛书）

ISBN 978 - 7 - 109 - 31455 - 9

Ⅰ.①设⋯　Ⅱ.①田⋯ ②李⋯ ③原⋯　Ⅲ.①樱桃－果树园艺－设施农业－问题解答②樱桃－病虫害防治－问题解答　Ⅳ.①S662.5 - 44②S436.629 - 44

中国国家版本馆 CIP 数据核字（2023）第 227567 号

中国农业出版社出版

地址：北京市朝阳区麦子店街 18 号楼

邮编：100125

责任编辑：杨彦君　黄　宇

版式设计：王　晨　责任校对：吴丽婷

印刷：三河市国英印务有限公司

版次：2023 年 12 月第 1 版

印次：2023 年 12 月河北第 1 次印刷

发行：新华书店北京发行所

开本：850mm×1168mm　1/32

印张：3.25　插页：2

字数：87 千字

定价：25.00 元

编写人员名单

主　　编　田利光　李明丽　原文刚

副主编　慈志娟　王英磊　于海军　郭　艳
　　　　　徐明娜

参编人员（按姓氏笔画排序）：
　　　　　刁金贤　伍小兵　华则科　刘坤坤
　　　　　闫　进　闫顺杰　江　燕　许海军
　　　　　孙　鹏　沙传红　宋兆本　张代胜
　　　　　张珊珊　陈妍汝　陈秋雨　贾常平
　　　　　唐红霞　崔小菊　梁小钢　戴振建

前言
FOREWORD

　　大樱桃又名甜樱桃，原产于西亚及欧洲东南部，于20世纪初引入我国，经过多年不断繁衍种植，大樱桃已成为我国的重要水果。大樱桃素有"春果第一枝""黄金栽种业""宝石水果"的佳誉，因其外观整齐漂亮、颜色艳丽、营养丰富、经济价值高，深受消费者和种植者喜爱，因此，大樱桃栽培成为典型的高效产业之一。近些年来，"互联网＋"的营销模式正在走进人们的生活，大樱桃也乘着互联网的东风，开启了"互联网＋大樱桃"的新型对外销售模式。如今，大樱桃市场竞争在我国已经进入了"白热化"阶段。设施果树利用反季节进行促成栽培，可使果品提前上市，果品价格比露地栽培的高出5～10倍，效益高，农民增收快。在这方面，大樱桃尤其明显，设施大樱桃上市售价160～300元/千克，露地大樱桃售价为20～80元/千克，二者收益差别巨大。然而，设施大樱桃生产中仍然存在着很多问题，如不能选择适宜的品种和授粉树、疏花疏果不当、病虫害防治措施不到位等，会导致大樱桃产量下降，商品果率低，严重影响果农收益。

　　为了更好地推广设施大樱桃栽培技术，满足大樱桃产业快速发展的需求，帮助果农增收致富，我们将设施大樱桃生产中的一些难点问题进行了归纳总结，并提出了相应的解决措施，以帮助果农更好地做好设施大樱桃管理，实现大樱桃的优质、高效生产。书中所提供的农药、化肥施用浓度和使用量，会因作物种类和品种、生长时期以及产地生态环境条件的差异而有一定的变化，故仅供参考。由于编者水平所限，书中疏漏与不妥之处在所难免，敬请广大读者批评指正。

编　者

目 录
CONTENTS

前言

概　论

1. 中国大樱桃的发展现状如何？

中国幅员辽阔，果品种类众多。目前，中国大樱桃栽培面积约为 350 万亩*，产量 140 万吨，人均 1 千克，距世界人均 2 千克水平还有很大的差距。

中国进口大樱桃的国家分别是智利、美国、加拿大、澳大利亚、新西兰等。2019 年中国大樱桃进口量约 19 万吨。

大樱桃露地栽培亩产达 1 000 千克左右，批发价每千克为 20 元左右，果农每亩收入 2 万～3 万元，传统设施栽培亩产达 750～1 000 千克，批发价每千克为 80～100 元左右，果农每亩收入 8 万～10 万元。与苹果、梨、桃等水果相比，樱桃单位面积收益连续 20 年居于首位。

2. 大樱桃管理存在的问题有哪些？

（1）修剪不当，树型紊乱。 在生产中，有些成龄园的群体并不过密，但树体结构紊乱，很多果农因不了解樱桃树的生长特性，不懂修剪原则，从而导致修剪后的樱桃树外围生长过旺，结果部位外移，基部光秃，产量低下。

---

* 亩为非法定计量单位，1 亩≈667 米^2。余后同。——编者注

（2）管理粗放。许多果农不懂如何科学管理，任其自然生长，靠天吃饭，没有效益。

（3）不舍得投入。部分果农不舍得投入，导致产量低、品质差、效益低，从而更舍不得继续投入，效益更低，如此恶性循环。

（4）品种老化。一些老品种，像红灯、早大果等口感偏酸、果肉偏软、果皮薄，不受市场和消费者喜爱，客商多不愿收购或者以很低的价格进行收购，从而导致出现投入高效益低的局面。

3. 设施栽培的目的和意义是什么？

大樱桃露地栽培中，令果农头疼的三大问题分别是冻害、果蝇危害及鸟害，这三大问题给大樱桃的产量和品质带来极大的负面影响，直接导致果农收益低下，有的甚至被果蝇毁园，没有效益可言。在设施栽培中，无论是建高规格暖棚还是冷棚，或简易避雨棚均可大大降低上述问题的发生概率，从而显著提升大樱桃的产量和品质，且可利用设施栽培进行促早栽培，使果实错开高峰期提前上市，亩效益可达 8 万～10 万元甚至更高。

第二部分

设施大樱桃栽培有关事项

1. 园区选址与选择土壤的标准是什么？

大棚建造选址时应该满足背风向阳、水源充足及地势平坦开阔等条件，对于棚内面积的选择，一般要求长度为50～80米，宽度为8～10米。

大樱桃属于喜大肥大水的作物，但同时既不抗旱又不耐涝，因此樱桃建园一定要选择肥沃且疏松透气的沙质壤土，切忌选择过于黏重的土壤，以免发生内涝、沤根、死树现象；过于偏沙的土壤也不适合栽种大樱桃，沙质土壤虽疏松透气但保水保肥性极差，不利于樱桃优质高产。

2. 设施大棚包括哪些类型？各有何特点？

（1）暖棚。山东烟台、辽宁大连等地选择塑料大棚进行大樱桃促成栽培，设施形式多样，有单栋、双连栋和多连栋塑料大棚，大多为南北走向，也可东西走向；可以加温，也可以不加温；多为钢架结构，其长度和跨度因园地不同差异较大，一般长度为40～120米，单栋跨度8～21米，脊高5～7米。暖棚主要由大棚骨架、塑料薄膜、保温材料、卷帘机4部分组成。大棚骨架主体部件由钢管构成，可分为：立杆（即棚顶最高点支撑柱）、横杆（即棚体高点纵向通杆）、每间的梁体及每间梁体中间的檩条（可以是钢管或竹竿材质，若是竹竿材质，纵向要通体用钢丝固定）、棚体斜向支撑的顶杆、用草帘保温的大棚顶（由2条卷杆及卷帘机支架等部分组成，材质均选择寿命长的热镀锌钢管）。大棚的北面一般使用保温材料，内外用塑料薄膜包裹好，常年固定。可以视棚内具体情况，在特定位置开一活动的通风口。南北走向的大棚，需在南棚头棚顶外部合理分布滑轮，下部设置一卷帘机，方便保温材料卷起放下。

棚架高度由树体高度和单栋棚跨度决定，单栋棚跨度一般为8~21米，棚面要有一定的拱起弧度，拱高一般为35厘米左右。东西走向的大棚一般北面坡小，具体视不同的跨度而定。

生产中，塑料大棚的建造大多是在原有结果大树的基础上扣棚，棚体大小不一。如果按照每亩地的投资计算，钢材总用量大约7吨，200千克钢丝用于固定棚体，按近段时间的市场价大约需3万元。需要保温被或草苫1千米^{2}左右，保温被13.0~17.5元/米^2、草苫约6元/米^2；如果选用保温被，按15元/米^{2}计算，需1.5万元，若选用草苫，需0.6万元。用工费大约1.3万元，卷帘机、塑料膜、压膜绳等大约需要1.5万元；共计投资6.4万~7.3万元。

欧美国家主要采用英国Haygrove公司生产的温室系列塑料大棚进行大樱桃促成栽培，该设施规模化生产的费用明显低于连栋温室。该设施使用直径4厘米的镀锌钢架结构，由支柱和弯拱组成，支柱间距为2.2米，支柱长1.5~2.5米，其一端插入土壤65~85厘米，另一端两侧焊有2个内径为4厘米、长为20~30厘米且底端封闭的镀锌钢管（用于安装弯拱）；弯拱的宽度为8.5米，最大脊高为5.0米，支柱上部弯拱之间也可安装排水沟；其两端、两侧及顶部覆盖材料均采用电动机开启和关闭。

(2) 避雨棚。 1982年，瑞士率先开展了使用避雨棚预防大樱桃裂果的研究，随后比利时、荷兰、英国、新西兰、美国、德国、挪威、波兰等国家陆续开展了相似的试验。目前，应用较多的避雨棚来自瑞士、挪威和德国。我国应用大樱桃避雨棚保护栽培的起步较晚，2005 年，大连金州区采用避雨棚预防大樱桃裂果获得成功。大连地区的避雨棚主要为"水泥杆＋沙条杆"结构，铁丝做龙骨，覆盖材料为聚乙烯或聚氯乙烯膜；1 个棚覆盖 2 行树，棚高 5.5 米，侧高 2.7 米，离地面 1.8 米以下不覆盖。

3. 大棚棚膜有哪些类型？

大棚棚膜一般分 4 类：聚氯乙烯（PVC）膜（无滴膜）、聚乙烯（PE）膜（有滴膜）、聚乙烯-醋酸乙烯共聚物（EVA）膜（复合膜）和紫光膜。

4. 聚氯乙烯(PVC)膜(无滴膜)有哪些优缺点？

优点：覆盖后，棚膜外面聚集的水滴能顺斜面流至棚角，棚内湿度较小，可降低各种病害发生率。棚膜内无水滴，透光性好，棚内温度比有滴膜平均高出 4～5 ℃，利于水果安全越冬和快速生长。耐老化，一般可用 2 年以上。

缺点：膜厚 10～12 微米，覆盖 100 米长棚需要 125～130 千克，耗材大。膜宽一般是 3～4 米，使用时需粘接，不太方便。价格比有滴膜高 20%～30% 左右。此种膜一般用于春季水果、蔬菜生产。

5. 聚乙烯（PE）膜（有滴膜）有哪些优缺点？

优点：幅宽 8～10 米，覆盖时不用粘接，使用起来更方便。膜厚 7～8 微米，覆盖 100 米长棚只需 70～80 千克，耗材少，价格便宜。

缺点：覆盖后，棚膜内面会聚集大量水滴，易因湿度过大而导致病害增多。膜内有水滴还会严重影响透光率，导致棚内温度低、光照弱，从而阻碍果实生长，降低产量和效益。较常应用于冷棚的建造。

6. 聚乙烯-醋酸乙烯共聚物（EVA）膜（复合膜）有哪些优缺点？

优点：集防尘、耐老化、无滴于一体。

缺点：厚度、价格近于无滴膜，使用时必须正面向上才能有效。建议用于冬、春季大棚各类果树、蔬菜的生产。

7. 紫光膜有哪些优缺点？

优点：能吸收和反射紫光，使棚内紫光减少，从而促使枝叶繁茂，达到高产优质的效果。

缺点：棚膜吸收紫光后寿命较短。

建议大棚种植户们在挑选棚膜时，不仅要看外观是否光滑、有无污点和裂痕等，更要考虑透光、透水、保温、耐老化等内在性能。

8. 对棚膜的透光率有哪些基本要求？

一般要求透光率在85%以上，也不是透光率越高越好。棚膜透光率高，进入温室大棚的太阳光多，有利于喜光作物生长，但直射的阳光也会损伤作物。在棚膜中加入适量保温剂，能使其透光率下降，也有利于温室夜间保温，而且加入保温剂的棚膜能使进入温室的阳光发生漫反射，使温室各个方向都能均匀获取光能量。

9. 对棚膜的厚度有哪些基本要求？

虽然降低棚膜的厚度有利于降低温室大棚成本，但是棚膜的厚度与棚膜的性能及使用寿命有直接关系，只有维持一定厚度的棚膜才能正常使用。在选购棚膜厚度时，以下几点可供参考：使用期16～18个月，选购棚膜厚度为0.11～0.12毫米；使用期24～36个月，选购棚膜厚度为0.13～0.15毫米；连栋大棚使用的棚膜，其厚度要在0.15毫米以上。

10. 棚膜的使用寿命是多久？

目前国际上通常认为，温室大棚棚膜有效使用寿命最长为3年。连续使用超过3年的温室棚膜，透光率损失过多。这时即使棚膜没有损坏，也应更换棚膜。

11. 如何选择棚膜的尺寸？

在选购棚膜时，棚膜的宽度一般要比温室大棚宽度多1米。棚膜的长度一般比温室大棚的长度多0.5米。用于管棚的棚膜，选购的棚膜宽度要多加1米；用于使用帘子的棚膜，选购的棚膜宽度要比帘子的高度多加0.5～0.7米。

12. 正确选购大棚膜的标准是什么？

冬季时间相对较长，温度低，对大棚膜的选择要求严格。日光温室大棚膜的选购必须达到以下标准：透光性好，透光率高且稳定，透光率要达到90%以上，使用4个月以上透光率仍可保持70%以上；保温性好，厚度不低于0.11～0.12毫米（11～12

道）；无滴消雾性能优良，无滴消雾功能可达 5～6 个月以上；防老化性好，棚膜使用寿命在 12 个月以上；强度大，易于修补，而且操作简单；企业可靠，质量稳定优良，经多年使用，口碑好。大棚户选择购买的棚膜能达到上述 6 条标准，就基本做到了科学正确选购。

13. 棚膜使用需注意哪些问题？

（1）不同类型的大棚结构，要选择不同类型的棚膜。如"北镇式大棚"，因其横拉筋在棚架的上弦上，所以不应该使用 PVC 膜，该种膜伸展性强，不易拉紧，压膜线与横拉筋距离太近，容易把棚膜磨破。因此应选择 EVA 膜。冬季温度低于－10 ℃时，无论选择哪种大棚膜，均应使用保温被、草苫以加强保温性能，最好采用一层草苫，一层保温被，一层塑料的三层保温措施。

（2）上膜时要注意棚膜的正反面，不要颠倒。一般情况下印字一面为外面，扣膜前要详细咨询购买商。扣膜要选择晴朗无风天气；要尽量轻拉轻放棚膜，避免划破、刺破，同时要拉平，绷紧，压牢，固定好。

（3）购买棚膜要选择质量可靠的大型厂家，不要贪图便宜，避免上当。

（4）棚膜破损要及时修补。PVC 膜用环丙酮黏补，EVA 膜用 XY—404 黏合剂黏补。

（5）使用 PVC 膜时，可用软条布进行清洁除尘，利用自然风清洁棚膜外表面，提高透光率，百米棚投资 30 元左右。

14. 更换大棚膜需要注意哪些事项？

（1）误区一：换膜前不注意竹竿的维护。大棚的竹竿要承受草苫的重量，遇到大雪天气时承受的重量大大增加，会导致部分托膜竹竿被压劈或压断，这样的竹竿一定要及时维护或更换。在断裂的竹竿旁边另附一根竹竿，断裂的部分用布条包好，以防戳破棚膜。

（2）误区二：东西向钢丝直接压在山墙上。在给大棚安装东西向压膜钢丝时，有的果农直接将钢丝压在山墙上，当使用紧线机抻紧钢丝时，钢丝会勒入山墙中。建议在山墙上钢丝的底部垫废旧车胎或者鞋底等，扩大钢丝受力面积，避免钢丝勒进山墙中。

（3）误区三：压膜绳直接压在棚膜上。果农在用压膜绳南北向压棚膜时，如果将压膜绳直接压在大棚棚面上，那么在拉放草苫或刮风时，压膜绳产生摆动，会将棚面与大棚前部转折处的棚膜磨破。建议果农在棚面与前部转折处垫破布、胶皮管等，或在压膜绳上套塑料软管，减缓棚膜的磨损速度。

（4）误区四：换膜时过早将旧膜撤下。有的果农在换膜时，习惯先将旧膜撤下，待棚面上的钢丝、竹竿等维护或更换后，再将新膜换上。而在这段时间，棚内温、湿度出现剧烈变化，外界的一些害虫也乘机飞入棚内，从而为一些病虫害的发生与传播埋下隐患。所以，一定要缩短旧膜撤下到新膜换上的时间。建议果农将要更换的竹竿等提前准备好，在棚前将新膜抻好再撤下旧膜，立即调换需要更换的竹竿，将新膜覆盖上。

（5）误区五：放风带用劣质膜或旧膜。为了给植株创造适宜的生长环境，保证冬季棚内温度适宜，果农一般都会用质量较好的棚膜，但对于大棚顶部的放风带却经常用劣质膜或旧膜。劣质膜、旧膜在冬季时消雾流滴性不好，放风时容易产生露水，从而导致棚内的空气湿度增大，不利于病害的防治。建议每年更换一次放风带上的膜，并换用质量比较好、消雾流滴性强的膜。

15. 如何进行滴灌水肥一体化系统的铺装？

温室滴灌管的供水装置一般为二级式，即支管与滴灌管（带）毛管连接，日光温室栽培的垄或畦比较短，可选用直径较小的毛管。一般将滴灌管（带）直接安装在聚乙烯（PE）支管上，将供水装置的水经过网式过滤器过滤以后引向滴灌区的支管。输水管道上需要安装过滤器，以防铁锈和泥沙堵塞。过滤器采用纱网过滤，同时要安装压力表阀门和施肥罐/文丘里施肥器。进入温室的管道一般置于温室前或通道前的地面上。滴水部分的滴灌带选择黑色聚乙烯材质，直径选 16 毫米。

支管布置在温室的同一侧，依栽培作物的行（畦）距布置每一行一根滴灌管（带）。滴灌管（带）与支管的连接处使用专用的滴灌管（带）旁通。如果温室过长，可从温室中部分成两组灌溉。PE 支管与 PE 支管、PE 支管与滴灌管（带）、滴灌管（带）与滴灌管（带）之间都可以用 PE 滴灌配件相连接。

第三部分
设施大樱桃栽培品种的选择与授粉树的搭配

1. 优良大樱桃品种选择的参考标准有哪些？

（1）**品质**。口味适宜，口感硬脆，糖度要高。只有让消费者喜欢并认可的美味品种才容易销售。

（2）**丰产性**。最好选择自花授粉品种，如鲁玉、彩玉等，坐果率高，产量高，这样效益才好。所以，一个品种能否高产、稳产，是种植户选择品种时重要的参考标准。

（3）**早产性**。前些年，许多果农栽植了红灯等品种，因采用乔化砧木，前期树势旺，枝条生长量大，但叶丛枝形成花束状结果枝慢，5～6 年不结果，所以选择半乔化砧木或半矮化砧木是关键。嫁接上，齐早、鲁玉、彩玉、塔玛拉等品种，可做到一年栽树，二年成花，三年即有产量，四年即可丰产。

（4）**抗病性**。同样的管理措施下，有的品种有叶病症状，有的品种流胶严重，有的品种病毒病严重，还有的品种畸形果发生严重。因此，选择苗木品种时一定要先观察育苗单位示范园各品种的生长情况，这样才能选择优质苗木品种。

2. 当下适合设施栽培的优秀早熟大樱桃新品种有哪些？

（1）**齐早**。山东省果树研究所刘庆忠团队经过近 15 年的研究选育出的大樱桃品种。与早红宝石同期成熟，为露地最早成熟的大樱桃品种之一。果实宽心脏形，平均单果重 10 克，最大单果重达 18.61 克，平均纵径 23.46 毫米、平均横径 26.04 毫米；果面光亮，深红色，缝合线不明显，畸形果率低；果柄中长，平均长度 4.24 厘米；果肉和汁液红色，平均可溶性固形物含量 15.6%，平均总酸含量 0.49%，属低酸含量品种。果肉柔软多汁，甘甜可口，风味好，品质佳，具有巨大的市场前景。早丰产、抗裂果，且畸形果率极低，抗寒、抗病虫能力强，土壤适应性强，是老品种红灯的最佳替代品种。

齐早生长势强，树姿开张，萌芽力强，成枝力中等。以花束状果枝和中长果枝腋花芽结果为主，易成花，结果早，丰产性强且特早熟。一般管理条件下，以克瑞姆斯克 5 号为砧木，采用一年生成苗建园，第二年成花，第三年开始结果。齐早在烟台地区于 3 月中旬花芽膨大，4 月中旬始花，与早红宝石等同期开花，4 月中下旬为盛花期，5 月中旬果实成熟，与早红宝石同期，比红灯成熟期早 5～7 天。果实发育期 40 天左右。11 上旬开始落叶，营养生长期 220 天左右。

齐早基因型为 S1S9，可搭配蜜露、布鲁克斯等品种种植。该品种应重修剪，疏除过量的花芽，保持合理负载，避免果实品质降低。齐早与红灯相比，果个比红灯大，糖度比红灯高，酸度比红灯低，畸形果率低，没有病毒病。

(2) 蜜露（彩图 1）。由大连市农业科学研究院潘凤荣老师团队培育。是早熟品种蜜脆与美早的杂交后代，具有早熟、大果、脆肉、高糖的特点，口味香醇厚重，风味极佳。平均单果重 11.83 克，最大单果重 15 克；果皮亮泽，柄短，肉肥厚；平均含糖量 21.4%，汁水丰富，口感纯甜无酸；成熟时间一般在 6 月 10 日左右（胶东地区），比美早早熟 5～7 天左右。果实硬度大，耐储运，储藏期长。该品种自然坐果率高，基因型为 S3S9。

(3) 布鲁克斯。该品种来源于美国加利福尼亚大学戴维斯分校，由雷妮和早紫杂交而成。成熟时间在 6 月上旬，在烟台地区的成熟期介于红灯和美早之间。果形扁圆，果顶平，稍凹陷；果柄粗短；果实红色至暗红色，底色淡黄，有光泽；肉质紧实，脆硬，甘甜，非常可口，很多人称之为"冰糖脆"。该品种果重 9～15 克，需冷量为 400 小时左右，比宾库早熟 1 周以上，花粉量大，完全可以作为有效的授粉品种来给其他大樱桃树授粉。

布鲁克斯大樱桃种植中最大的问题是接近成熟时遇雨裂果。建议有条件的农户尽量采取避雨栽培，这样可以有效缓解或解决裂果的问题。布鲁克斯基因型为 S1S9，可搭配美早种植。

(4) 新星。 该品种来源于加拿大。成熟时间在 6 月 10 日左右（烟台地区），比美早早 5～6 天成熟，抗裂果。果型大，平均单果重 10 克以上，深红色，果柄短，肉质硬，平均可溶性固形物含量 20%以上，甜酸适口。树势开张，早产丰产性强，果柄粗短，易管理。可与齐早、蜜露、布鲁克斯等早熟品种搭配授粉。

3. 当下适合设施栽培的优秀中熟大樱桃新品种有哪些？

(1) 鲁玉（彩图 2）。该品种来源于山东省果树研究所。成熟时间为 6 月中旬。果型大，平均单果重 11～12 克，最大 15 克以上；果柄中长粗壮，果实肾形，果顶平，缝合线明显；果皮初熟时鲜红色，充分成熟时紫红色；果肉红色，肥厚硬脆，汁多，离核，平均可溶性固形物含量 20%以上，风味好且无畸形果。自花授粉，丰产、稳产性强，是拉宾斯的升级换代品种。鲁玉基因型为 S3S4，由于其自花授粉，因此不需要搭配授粉树。

(2) 彩玉。 该品种由山东省果树研究所从引进材料中实生选种所得。成熟时间一般在 6 月上旬（胶东地区）。属中晚熟大樱桃品种。果实近圆形，果顶凸，缝合线明显，平均单果重 10.5 克，最大果重 15 克以上；果皮底色为黄色，表色具红晕；肉质硬，果肉黄色，肥厚多汁，平均可溶性固形物含量 18.5%，酸甜可口。抗裂果，无畸形果。果实发育期 55 天左右。丰产、稳产，口感甜，无酸味，是黄色樱桃极具发展前景的优良品种。可与鲁玉、萨米脱搭配授粉。

(3) 鲁樱 5 号（彩图 3）。该品种来源于山东省果树研究所。属中熟偏早品种，成熟期同美早。果实脆甜，半离核，果实心脏形；果皮黄红色，向阳面着红晕，果面光亮，有光泽，缝合线不明显。设施栽培光照不足时果面全黄。鲁樱 5 果个大，大小均匀，无畸形果，平均单果重 12~14 克，果肉和汁液都是黄色；果皮厚，平均可溶性固形物含量 17.8%，风味浓郁；果肉硬，丰产性极强，成串结果，极耐储运，畸形果率极低，抗裂性较强，是黄色樱桃后起之秀。可与鲁玉等搭配授粉。

(4) 美国大红。该品种来源于郑州果树研究所。成熟时间一般在 6 月中旬（烟台地区）。果实宽心脏形，底色为黄色，覆鲜红色霞。果个均匀，平均单果重 12 克，最大单果重 18 克以上，平均可溶性固形物含量 20.5%。果皮大部分着红色，少部分着黄色，果面光亮，果皮厚韧；果肉黄白色，肉质紧实，质地较硬脆，汁多，果香浓郁，品质优良，较耐储运。美国大红自花授粉，丰产性强，经济价值高，是保护地栽培的优良品种，缺点是不耐冻。美国大红基因型为 S1S4，可搭配齐早、蜜露、鲁玉种植。

(5) 俄罗斯 8 号（彩图 4）。又名含香，是俄罗斯国家果木试验站以尤里亚为母本、瓦列里依契卡洛夫为父本选育的樱桃品种。成熟时间一般在 6 月中上旬（烟台地区）。果个大，平均单果重 12.9 克，最大可达 18 克，平均可溶性固形物含量 18.9%，果实宽心脏形，双肩凸起、宽大，有胸凸；果面油润黑亮，成熟后由紫红色逐渐变为紫黑色。偏早熟，具有个头大、果肉甜香、果柄细长等特点，果子成熟可在树上挂 15 天之久，货架期比其他品种长 5 天左右。好吃、好看、耐储运，可与鲁玉、美早、拉宾斯搭配授粉。

(6) 美早（彩图 5）。该品种来源由大连市农业科学研究所从美国引进，由斯坦拉与意大利早红杂交而成。成熟时间在 6 月 15 日前后（烟台地区）。大果型，平均单果重 10 克以上，最大单果重 18 克左右，果实宽心脏形，大小整齐，顶端稍平。果皮紫红色，光泽度高，果肉脆硬，肥厚多汁，酸甜可口。较抗裂果，耐储运。可与瑞德，布鲁克斯等品种搭配授粉。

(7) 桑提娜。该品种来源于烟台市农业科学院，于 1989 年从加拿大引进。成熟时间一般在 6 月上中旬（烟台地区），较红灯晚熟 7 天左右。果实心脏形，果形端正，果个大，平均单果重 9.6 克。成熟后紫红色，又黑又亮，果肉较硬，味甜，口感极佳，较抗裂果。栽植第二年自然成花，第三年即可丰产，成熟期集中，可一次性采收完毕。自花结实，无需搭配授粉树。

4. 当下适合设施栽培的优秀晚熟大樱桃新品种有哪些？

(1) 科迪亚（彩图 6）。该品种为捷克在 1981 年从不知名的种子中杂交选育而来。在 6 月中下旬成熟（胶东地区）。果实宽心脏形，直径在 28～30 毫米，平均单果重 11 克左右，最大单果重 16 克左右；果型中大，果肉呈粉红色，近核处呈紫红色，果肉半硬，耐储运。味道清甜，糖度达 23～27 度，风味极佳。外形圆润光滑，果面端正，整齐美观，畸形果较少，平均果柄长 3.4～4.8 厘米，果皮呈鲜红色至紫红色，色泽艳丽。对雨不敏感，裂果率极低。科迪亚基因型为 S3S6，可与雷吉娜、俄罗斯 8 号等搭配授粉。

(2) 塔玛拉。该品种为在美国注册的捷克品种。成熟期比宾库晚约 1 周，是一个晚熟品种；果个大，平均单果重 13.8 克，最大单果重 15 克以上，深红色，亮度高，果肉坚硬，甜度高，风味浓郁，抗雨裂，耐储运。果实成熟期集中，可进行机械化采收，是一个省心的品种。塔玛拉基因型为 S1S9，可与鲁玉、彩玉、鲁樱 5 号搭配授粉。

5. 大樱桃乔化砧木有哪些？

（1）**大青叶**。是山东烟台地区从当地选育出来的砧木品种，在当地已经使用多年。山东烟台是我国最早栽培大樱桃的地区，当地为海洋性气候，多为丘陵和山地，为沙性土壤，大青叶在当地表现适宜，成为当地普遍使用的砧木品种。之后，随着我国大樱桃栽培区域向西部扩展，大青叶也被引出烟台地区，其脱离原生地后适应性差的缺点随即表现出来，主要表现在不抗病、生长慢、进入结果期后时有死树等。

（2）**考特**。从英国引进的砧木品种，亲本为欧洲大樱桃和中国樱桃。考特砧木被引进后，最初在山东省临朐县推广，因表现出树势强、不衰老、丰产性强、生长整齐等优点，因此成为当地及周边樱桃产区主要使用的砧木。考特砧木的局限性在于对土壤的适应性不宽泛，土壤稍微黏重或偏碱性（pH>7.5）就会广泛发生根瘤，而且其对根瘤病的抗性不强，发生根瘤后生长极受影响。山东省临朐县以丘陵和山地为主，土壤多为沙性，所以考特砧木在当地表现良好，很受果农肯定，但随着樱桃种植区域的扩展，考特砧木被广泛引种到平原碱性土壤果园和西部黄土高原后，其缺点也日益显现。因此，引种考特砧木的生产者事前一定要清楚自己建园地的土壤特性，如果土壤状况不适宜引种一定要慎重。

（3）**马哈利**。原产欧洲，幼树健壮，成龄后易成花，较耐盐碱，但需要沙性和较肥沃的土壤，适合大连地区种植。

6. 乔化砧木的优缺点是什么？

乔化砧木抗性较强，不易出现"小脚现象"或"掐脖现象"，树体生长快速，根系发达，树冠高大开张，不宜过早衰退老化。但乔化砧木结果较晚，一般 5 年后才初见果，7～8 年以上才开始丰产，早产、稳产性较半矮化砧木差，见效益晚。

7. 大樱桃半矮化砧木有哪些？

（1）吉塞拉 6。 亲本为酸樱桃和灰毛叶樱桃，三倍体，矮化性能为乔化砧木的 60％。易成花，结果早，栽植第二年零星见果，第三年有产量，第四年或第五年丰产，对土壤要求低，耐贫瘠，对品种适应性强，树冠不太大，树体不旺长，其"小脚"现象较吉塞拉 5 号轻。

（2）吉塞拉 12。 亲本为酸樱桃和灰毛叶樱桃，矮化性能为乔化砧木树的 65％。无根蘖，固地性同乔化砧木，无"小脚"现象，进入结果期后无树势早衰现象。

（3）克雷姆斯克 5（K5）。 半乔化砧木，树体比吉塞拉 6 号大，与吉塞拉 12 号树体大小相近。嫁接同样的品种，果个明显偏大；树势健壮，抗病能力强；根系发达，固地性好，不用支撑；抗寒性强，适应性广，黏重土地也正常生长；抗旱性强，在温度较高的地方也能良好生长；耐涝性好，弥补了其他砧木不耐涝的缺点。

8. 半矮化砧木的优缺点是什么？

半矮化砧木通常具有良好的矮化、早产、丰产等性能，不但与大樱桃嫁接亲和力非常高，而且对土壤的适应性也很强，同时具有抗盐碱、抗根癌、抗流胶、抗根瘤等优势；一般需要 4～5 年才能结果的樱桃树，嫁接半矮化砧木后 2～3 年就能结果；因为吉塞拉具有较好的矮化特性，所以比较适合密植或者在棚室内种植。但吉塞拉抗风能力和固定性比较差，在贫瘠地块和少雨地块种植容易早衰。

9. 大樱桃授粉树搭配原则是什么？

配置授粉树需要满足两个条件，缺一不可。一是花粉量大，且与主栽品种花期相遇；二是与主栽品种授粉亲和，即主栽品种和授粉品种的 S 基因型要不同（表 1）。在满足这两个条件的基础上，授粉品种要尽量选择经济性状优良、售价高的品种。

表 1　不同品种的基因型

S 基因型	品种
S1S2	萨米脱、巨晚红、巨早红、砂蜜豆
S1S3	先锋、斯帕克里、雷吉娜、福星
S1S4	雷尼、费里斯克、塞尔维亚
S1S4'	甜心、黑珍珠、桑提娜、拉宾斯、斯吉娜
S1S6	红清
S1S9	早大果、奇好、友谊、福晨、布鲁克斯、塔玛拉
S2S3	维佳、马什哈德、Rubin、维克托（Victor）
S3S4	宾库、那翁、兰伯特、斯坦勒、艳阳、斯塔克艳红
S3S6	黄玉、南阳、佐藤锦、红蜜、水晶、科迪亚、13-33
S3S9	红灯、布莱特、秦林、美早、早红宝石、红艳、岱红、吉美宇宙

（续）

S 基因型	品种
S4S6	佳红、冰糖樱
S4S9	龙冠、巨红、早红珠、友谊
S6S9	晚红珠、蜜脆、蜜露、明珠

根据烟台产区的大樱桃物候期，结合 S 基因型测定结果，我们推荐以下授粉组合，供大家参考。

（1）以美早为主栽品种的果园，建议选择桑提娜、黑珍珠、福星、布鲁克斯等为授粉树。生产中常见的美早、红灯的 S 基因型相同，均为 S3S9，不能相互授粉。

（2）以福晨为主栽品种，建议选择黑珍珠、桑提娜、拉宾斯为授粉品种。不能选择早大果、布鲁克斯为授粉品种。

（3）以福星为主栽品种，可以选择萨米脱、艳阳、黑珍珠、拉宾斯等为授粉品种。

（4）以萨米脱为主栽品种，可选择艳阳、黑珍珠、佳红、斯帕克里为授粉品种。

在生产上，我们建议建樱桃园时至少栽培 3 个品种，以保证品种间相互授粉。面积 10 亩以上的果园，品种要在 5 个以上，而且成熟期要错开，以防采收期过于集中。配置比例上，主栽品种可选择 1～2 个，所占比例为 60％～70％，授粉品种占 30％～40％。对于观光采摘园，品种可以多一些，增加不同成熟期、不同特色的优良品种，延长果实采摘期，满足不同人群的需要。而对于授粉树配置不当的成龄树果园，可高接授粉品种，有条件的可以直接移栽结果的授粉树，也可结合放蜂或人工授粉来解决授粉树配置不当的问题。

第四部分

设施大樱桃科学施肥

1. 设施大樱桃一年中施肥 6 次，各是什么时期？

第一次于萌芽展叶前；第二次于开花前；第三次在谢花后 10 天内；第四次为硬核期；第五次于采收后；第六次为 9 月秋施基肥。

2. 设施大樱桃萌芽前施什么类型的肥料？有什么作用？

此期施肥应以硅肥和微生物菌肥为重点。微生物菌肥可增加土壤有益菌数量，改良土壤环境，促进根系生长。树体吸收硅元素后果肉硬、果面亮且不易裂果。

3. 设施大樱桃开花前施什么类型的肥料？有什么作用？

一般在设施大樱桃开花前加强补钙，以满足树体幼果期对钙的需求，补钙的同时配合施用腐殖酸类肥料，促进根系生长，提高钙的利用率。补钙可提高果实品质、膨大果个、增加单果重、减少裂口。

4. 设施大樱桃谢花后施什么类型的肥料？有什么作用？

设施大樱桃谢花后进入坐果期，亩施氮、磷、钾平衡型水溶肥 10 千克，作用是提高坐果率、膨大果个、增加单果重、提升果品质量。

5. 设施大樱桃硬核期施什么类型的肥料？有什么作用？

硬核期是养分需求高峰期，此期一般施用高磷水溶肥 10 千克＋氨基酸/矿化腐殖酸类水溶肥 10 千克，主要作用是促进果个膨大、提升亩产量、提升口感。

6. 设施大樱桃采收后需要什么养分？

设施大樱桃采收后进入花芽生理分化期，为了促进花芽分化，一是要足量施用有效的微生物菌肥，促进根系生长及提高树体的抗病能力，二是应施用少量的磷、钾肥，此期一般为烟台地区多雨季节，严禁使用大量的氮、磷、钾肥料。

7. 设施大樱桃秋施基肥应选择什么类型的肥料？

秋施基肥是树体全年营养的保障，也是树体安全越冬的基础，基肥要以有机肥和菌肥为主，有机肥养分全面，肥效期长，可以缓慢持久地供给树体所需的营养，促进树体复壮并提高树体的抗逆能力，是第二年早春展叶开花的保障，一般设施大樱桃于8月秋施基肥，可选用全水溶平衡型肥料＋水溶性有机肥＋全水溶微生物菌肥＋全水溶中微量元素肥。

8. 设施大樱桃秋施基肥的方法有哪些？

（1）**穴施或沟施。**即在离主干 60～80 厘米处挖深 20 厘米左右的圆形坑 8～10 个，或者围绕树体挖环状沟或辐射状沟，将肥料施入坑内或沟内与土稍加混拌后培土。

（2）**撒施。**将肥料混拌后均匀撒施于地表，然后用旋耕机旋耕。

（3）**滴灌。**保证水肥一体化。

第五部分

设施大樱桃需注重的营养

1. 大樱桃必需的生长元素有哪些？

（1）三要素：碳、氢、氧。

（2）大量元素：氮、磷、钾。

（3）中量元素：钙、硅、镁、硫。

（4）微量元素：锌、硼、铁、铜、钼、氯、锰。

2. 科学施肥能解决大樱桃生产上的哪些问题？

提早成熟着色、雨前裂果、坐果率低、花芽分化等问题。

3. 氮对大樱桃有什么作用？

氮是蛋白质和核酸的重要组成部分，也是叶绿素、维生素的重要组成部分。植物缺氮时，新陈代谢过程受阻，植株矮小，分枝、分蘖能力减弱，叶片小而黄；吸收氮过多时，植物营养体徒长，叶色深绿，易受冻害侵袭。施用氮肥过多会导致果面粗糙、表光暗淡，还会抑制钙、钾的吸收，不仅裂果增加，还会影响果实着色。

4. 磷对大樱桃有什么作用？

磷是细胞核的主要组成成分，对细胞的生长和增殖起重要作用；磷还参与植物光合作用，是合成树体内糖磷酸酯、核苷酸的重要元素。磷肥还能促进植物根系的生长，并可使植物提早成熟。磷具体作用为：①膨大果个，促进细胞分裂。②促进根系生长，健壮树势。③使细胞之间的结构紧密，解决果实发软问题。④促进果实着色。因此幼果期是补磷最佳时期。

因磷在土壤中很难移动，土壤中含有再多的磷，果树的吸收量也很少，只有氮肥吸收量的 1/10，氮元素离根 20 毫米、钾元素离根 7.5 毫米就可被果树吸收，而磷元素必须紧挨着根系才能被吸收，所以要选择水溶性磷肥并进行叶面补磷。

5. 钾对大樱桃有什么作用？

钾能维持植物细胞的正常含水量，减少水分的蒸腾损失，提高作物的抗旱、抗寒能力。促进植物体内酶的活化，酶是植物体新陈代谢过程中的催化剂，没有酶的作用，许多生理过程无法进行，而钾是许多酶的活化剂，可以促进植物体内酶的活化，显著提升果实糖度并改善植物的品质。促进光合作用，钾能明显提高植物对氮的吸收和利用，有利于光合作用的进行，促进蛋白质的合成以及糖的代谢，可增甜、促上色，使得果实品质更好、卖价更高。

植物缺钾时叶片边缘黄化、焦枯、碎裂，叶脉间出现坏死斑点，植物的光合作用减弱。钾过量易发生缺镁症，会使树皮变厚、粗糙，果肉发软不耐储藏。

6. 钙对大樱桃有什么作用?

钙是细胞壁的组成成分。缺钙时,细胞壁中果胶酸钙的形成受阻,细胞壁无法形成,从而影响细胞分裂及根系的生长。樱桃在生长过程中吸收钙元素后,可以调节植株在生长过程中对其他营养元素的吸收,有效地增加农作物的产量与质量。钙还能起到改善土壤酸碱度的作用,减轻土壤中的金属离子对作物造成的伤害,从而保证作物根系更发达。钙肥还能增加作物的抗病性与耐储藏性。

树体缺钙表现为粗短枝增多,果实表现为裂口、品质差。由于樱桃果实生长周期短,因此必须从谢花后开始每周喷施优质叶面钙肥,并在开花前后于地下冲施优质糖醇钙或氨基酸钙等,既可补充钙元素,减轻裂口现象,又可提高单果重,还能显著增加果实糖度。

7. 设施大樱桃应如何补钙?

设施大樱桃一般于花前、坐果后、硬核期及采收前进行补钙,地下补钙可选用糖醇钙、氨基酸钙等,叶面补钙可喷施优质叶面钙肥。

8. 硅对大樱桃有什么作用?

许多农学家认为氮、磷、钾对农作物的增产作用已发挥到了极限,若要农作物继续增产的话,需要依靠硅肥。硅肥对农作物具有重要作用,是一种能够抗虫、抗病的功能性肥料,它既可用作肥料为作物增加营养,又可用作土壤调理剂改良土壤,并有抗重茬和病虫害的作用,硅肥是改变"优质不高产,高产不优质"

的值得大力推广的一种肥料。硅肥的使用是引领中国施肥技术的第四次革命（前三次分别是氮肥、磷肥、钾肥），为我国作物增产提质作出了极大的贡献。

硅肥可提升果实硬度和亮度，降低叶片蒸腾速率，减缓叶片在强光下水分蒸发的速度，加快光合速率，提高作物抗病虫害和抗逆能力。

9. 设施大樱桃应如何补硅？

设施大樱桃施用硅肥的最佳时间一般在秋施基肥时或果树萌芽前，一般宜早不宜晚，可使用含硅水溶肥。

10. 硼对大樱桃有什么作用？

硼对果树的作用主要为：一是提高坐果率；二是参与果胶物质的形成，缺硼时组织中果胶物质显著减少，果实光泽度变差；三是促进植物分生组织生长，提高坐果率；四是促进钙的吸收，缺硼时根尖或茎端生长点停止生长，花蕾发育不良，易落花落果，坐果少。但补硼不能过量，每棵树超过 200 克就易中毒，一年最好补硼 2 次。

11. 铁对大樱桃有什么作用？

铁是植物有氧呼吸酶的重要组成成分，参与植株的呼吸作用，是植物能量代谢的重要物质，缺铁影响植物生理活性，也影响植物对养分的吸收。大樱桃果实含铁丰富，是孕妇、老人、儿童的最佳补品，所以，在大樱桃幼果期应叶面喷施铁肥。

第六部分

当前流行的大樱桃丰产树形

1. 当下流行的大樱桃丰产树形有哪些？

矮化密植立柱形、超细纺锤形（SSA）、主枝直立丛状形（KGB）、主枝直立篱壁形（UFO）等。

2. 当前较受欢迎的矮化密植立柱形大樱桃有什么特点？

矮化密植立柱形大樱桃可实现"一年建园，二年成花，三年有产，四年丰产，五年亩产 2 000 千克"的栽培目标，亩产量相比普通栽培模式实现倍量级增长（彩图 7），其特点为：

（1）基于砧木的矮化性、早实性，结合限根控冠、整形修剪技术，采用宽行高密度栽培，最大化利用土地面积和空间面积。

（2）立柱形大樱桃在栽培管理上改变了传统的根冠比，使根系与枝干比例更合理，能够从土壤中吸收更多养分，从而为树体生长和果实增产提供充足的营养物质；有效地降低了树体高度，较传统树形修剪、采摘更为简单，易于掌握；采用宽行密植，使得行间距变大，良好的通风透光条件有利于提高叶片光合作用，再加上养分传送距离变短，叶果比例高，为生产高档优质果提供了保障；根部基质配备好，加上砧木优良，使得根系毛细根增多，树体健壮，有利于花芽分化和果实品质提升，增加收益；不受土壤条件限制，对于贫瘠、板结的土壤，可以调配限根器里的基质；根系分布在已知的范围内，可以自动化、精细化灌水与施肥，大大提高水肥利用率，更利于实现科技化管理。

3. 矮化密植立柱形大樱桃株行距是多少？

矮化密植立柱形大樱桃株距 0.7～0.8 米，行距 1.5 米，亩栽 500～600 棵。

4. 如何培养矮化密植立柱形大樱桃？

(1) 大樱桃苗先长根，成活率高，长势旺。栽植时露出嫁接口下 3～5 厘米（冬季栽植高定干，定干高度 80～100 厘米，第二年即有少许产量；春节后栽植矮定干，定干高度 40～60 厘米，矮定干长势旺盛）。

(2) 栽植后马上浇水，15 天内连浇 3 次。

(3) 苗木栽植后，在距顶芽 1 厘米左右的位置定干，防止顶芽抽干。定干后，顶端保留一个芽作为延长头，抹除下面第二、三个芽（防止出现竞争枝）。

(4) 当枝条长到 10 厘米长度时进行开角和摘心，促进早成花。

5. 矮化密植立柱形大樱桃修剪管理技术要点是什么？

矮化密植立柱形大樱桃在修剪上非常简单，只需掌握"高干比、低级次、上控制、下牵制"的原则即可。简单来说就是控制好结果枝与树干的粗度比（1∶5 或 1∶7），减少结果枝干级次，

缩短结果枝组长度，上部以莲花状花束结果（长度 2～3 厘米），
中部以短果枝结果（长度 7～8 厘米），下部以中长果枝结果（长
度 15～20 厘米）。一般株高 1.8～2.2 米，冠幅 20～40 厘米，株
留短果枝组 30 个左右，每个结果枝组留花芽 5～7 个，株留果量
150～200 个，株产 2.5～3.5 千克。

6. 如何培养超细纺锤形（SSA）大樱桃？

大樱桃栽植后定干高度为 40～60 厘米，当年中心干可长至
1.5 米以上，第二年将上部疏除，下部 40 厘米以上每隔 1 个芽
刻一下，上部 40 厘米不要刻。这样栽植第二年即可成形，第三
年可少量结果，第四年丰产。

7. 如何培养主枝直立丛状形（KGB）大樱桃？

当年栽苗后在 40 厘米处定干，当年长出 3 个枝条，第二年
在长出的枝保留 30 厘米定干，当年可长出 9 个枝条，第三年在
长出的强旺枝保留 30 厘米再定干，弱枝不动，使其成花，当年
长出 20 个左右的枝条，这样第四年小量结果，第五年后连年
丰产。

8. 四年以后应如何修剪主枝直立丛状形（KGB）大樱桃？

春季修剪要疏除枝条上部的强旺枝，用弱枝带头；弱枝不
动，甩放即可；强旺枝萌芽时在枝条中部以下隔 1 个芽刻一下，
促发侧枝，枝条长至 8～10 厘米时摘心，摘心后再发出的新枝长
至 10 厘米时再摘心，促使当年新发枝条形成结果枝条，增加产

量并延长樱桃树结果年限。

9. 如何培养主枝直立篱壁形（UFO）大樱桃？

栽植时要栽南北行，栽植前要先树水泥立杆，离地 80 厘米拉一道铁丝，1.5 米处再拉一道，栽植时苗子向南倾斜，顺第一道铁丝固定，栽植当年，即可出现 5～8 个枝条，枝条长度达 1 米后，通过第二层铁丝绑缚扶植，第二年春季修剪时将枝条上的分枝疏除，并要弱枝带头，强旺枝萌芽时在枝条中、下部隔 1 个芽刻一下，或隔 1 个芽涂发枝素，促发侧枝，枝条长至 8～10 厘米时摘心，摘心后再发出的新枝长至 10 厘米时再摘心，促使当年新发枝条形成结果枝条。

第七部分

设施大樱桃主要修剪手法

1. 设施大樱桃栽培生长期整形与修剪的主要手法有哪些？

修剪主要指夏季修剪，包括抹芽、刻芽、新梢开张角度、摘心、拿枝、疏枝等；休眠期修剪主要指冬季修剪，包括缓放、疏枝、短截等。以夏季修剪为主，休眠期修剪为辅。

2. 设施大樱桃栽培如何抹芽？

在生长季节及时抹掉过多的芽和竞争芽，目的在于节约养分，防止无效生长。枝条背面萌发的直立生长的芽、疏枝后产生的隐芽、内向萌芽及枝干基部萌发的砧木芽都应在萌芽期及时抹去。

在发芽期砧木芽比品种芽萌芽早、生长快，从而影响品种芽的发育，有时导致品种芽不抽新枝，因此新定植的樱桃苗要及时抹去砧木芽，使营养用于供应品种芽的萌发和生长，否则会影响树体的生长。

3. 设施大樱桃栽培如何刻芽？

一般在萌芽前树液流动后进行，在芽上方 0.5 厘米处横刻一刀，深达木质部，目的是促枝促花。刻芽可促进刻伤下面的芽萌发，提高侧芽或叶丛枝的萌芽质量，促进枝条旺长，起到扩大树冠的作用，也可利用刻芽培养结果枝组。刻芽一般在幼旺树和强旺枝上进行。

4. 设施大樱桃栽培如何化学促枝？

大樱桃顶端优势明显，成枝力低，若单独使用刻芽等技术，在对高纺锤形、细长纺锤形、超细长纺锤形等树形整形时，极易导致树形培养过程中中心干上萌发的用于培养小主枝的新梢不足。可利用生长素极性运输顶芽抑制剂和细胞分裂素等多种化学物质促进侧枝产生，如环丙酰胺酸可有效促进当年新梢上副梢的发生。6-苄氨基嘌呤单独使用或与赤霉素配合喷洒快速生长的欧洲大樱桃新梢，促发分枝的效果良好，且能促进大樱桃苗木生长。萌芽前利用6-苄氨基嘌呤或赤霉素与细胞分裂素混合物涂抹芽体或整个一年生或多年生苗干，可促进枝条基部发枝。

在涂抹化学试剂的同时采取刻芽、环割、划伤树皮等措施去除树表皮对药剂渗透的阻碍作用，可大幅度提高应用效果，但该措施在多雨地区易引起流胶等病害。赤霉素单独施用也具有类似的效果，推测可能是外源赤霉素打破了引起顶端优势的激素平衡，而不是赤霉素直接导致细胞伸长。但是促枝效果也受使用时期影响，促发分枝需在旺盛生长的新梢上进行，在一年生或多年生枝上应用时，应在刚刚萌芽时进行。温度对促枝效果也有一定影响，较高温度有利于促发分枝，低温则效果较差。目前，大樱桃树上常用的发枝素是一种以细胞分裂素为主要成分的植物生长调节剂，对促进芽抽生枝条的效果较好，配合刻芽效果更佳。

5. 设施大樱桃栽培如何扭梢？

新梢半木质化时，用手捏住新梢的中、下部反方向扭转

180°，使新梢水平或下垂，伤及木质和皮层但不折断，一般 4 月中旬进行扭梢。扭梢时间要把握好，扭梢过早，新梢嫩，易折断；扭梢过晚，新梢木质化且硬脆，不易扭曲，用力过大易折断。

6. 设施大樱桃栽培如何摘心？

在新梢木质化前，摘除或剪除新梢顶端部分，可以有效增加幼树的枝叶量，扩大树冠，减少无效生长，促进花芽形成，早结果。对结果树摘心可起到节约营养、提高花芽质量、促进生殖生长、提高坐果率和果实品质的作用，它是在大樱桃夏剪中最常用的修剪方法。

按摘心的程度不同，可分为轻度摘心、中度摘心和重度摘心。轻度摘心是指摘去新梢顶端 5 厘米左右，摘心后只能萌发 1～2 个新梢。连续轻度摘心，且生长量在 10～20 厘米，可形成结果枝。中度摘心是指对生长长度达到 40 厘米以上的新梢，摘去 15～20 厘米的修剪方法，一般能萌发 3～4 个分枝。为了促进各级主枝延长枝和大型结果枝组延长枝分枝，多采用中度摘心。重度摘心是指对 30 厘米以上的枝条，留 10 厘米左右进行摘心，能明显削弱生长势，形成果枝。背上枝、竞争枝多采用重度摘心。

按摘心时期不同，分为早期摘心和生长旺季摘心 2 种。早期摘心一般在花后 7～8 天进行，摘心时将幼嫩新梢保留 10 厘米左右，这样可以减小幼果发育与新梢生长对养分的竞争，提高坐果率。生长旺季摘心一般在 5 月下旬至 7 月下旬进行，在新梢木质化以前，将旺梢留 30～35 厘米，余下的部分摘除，以增加枝量，树势旺时可连续摘心。7 月下旬以后不要摘心，不然发出的新梢不充实，易受冻害和抽干。

7. 设施大樱桃栽培开张角度？

开张角度是指撑开主枝和侧枝的基角，缓和树势，促发短枝，促进花芽分化。开张角度应提早进行，新梢 15～20 厘米时可用牙签或开角器开张角度，方便省工；新梢 40～60 厘米时也可拿枝开角。前期未及时开角的主枝或侧枝，后期一定要及时拉枝。拉枝一般在春季汁液流动后进行，拉枝时先用手摇晃大枝，使基部变软，避免劈裂导致枝条流胶。开角时应注意调节主枝在树冠空间的位置，使之分布均匀，辅养枝拉枝应防止重叠，合理利用树体空间。

8. 设施大樱桃栽培如何疏枝？

疏枝是指采收后将过密枝、病虫枝等从基部新梢先端部分剪除。

9. 设施大樱桃栽培如何环割？

环割是指在枝干上横割一圈或数圈环状刀口，深达木质部但不损伤木质部，只割伤皮层而不将皮层剥除。环割的作用与环剥相似，但由于愈合较快，因而作用时间短，效果稍差。主要用于幼树上长势较旺的辅养枝、徒长旺枝等。在樱桃树上多采用环割技术代替环剥，时期与环剥一致。

10. 设施大樱桃栽培如何环剥？

环剥一般在主干或壮旺发育枝上进行，是将韧皮部剥去一圈的技术。山东省丘陵地栽培大樱桃一般在盛花期进行环剥。环剥易出现流胶现象，在主干上应慎用；环剥宽度不宜过大，小枝一般 3 毫米左右，主干不超过 1 厘米，依据树体生长状况可进行 1～3 次环剥。环剥伤口最好用多菌灵药液涂抹，然后再用透明塑料胶带包裹。

11. 设施大樱桃栽培如何拿梢？

拿梢又称为捋枝，是用手对旺梢自基部至顶端逐渐捋拿，伤及木质部而不折断的方法。拿梢时间一般在 7 月底以前。其作用是缓和旺梢生长势，增加枝叶量，促进花芽形成，还可调整 2～3 年生幼龄树骨干枝的方位和角度，如枝条长势过强、过旺，可连续捋枝数次，直至把枝条捋成水平或下垂状态，而且不再复原。

12. 设施大樱桃栽培如何短截？

短截是剪去一年生枝条一部分的修剪方法，依据短截程度，可分为轻短截、中短截、重短截、极重短截 4 种。

(1) 轻短截。 剪去一年生枝条全长的 1/3 以下部分。轻短截有利于缓和树势、削弱顶端优势、提高萌芽率、降低成枝力。轻短截后抽生的枝条，转化为中弱枝数量多，而强枝少。能够形成较多的花束状果枝。在修剪幼树时，较多应用轻短截，能缓和长势，中、长果枝及混合枝转化多，有利于提早结果。特别是成枝力强的品种，常应用轻短截培养单轴延伸型枝组。对初结果的树进行轻短截，有利于生长、结果的双重作用。

(2) 中短截。 在一年生枝的中部减去原枝长度的 1/2 左右。中短截后的成枝力强于轻短截和重短截，平均成枝量为 4～5 个。有利于维持顶端优势，新梢生长健壮。主要对骨干枝进行中短截，可扩大树冠，还利于中、长结果枝组的培养。

对大樱桃幼树骨干枝延长枝和外围发育枝进行中短截，一般可抽生 3～5 个中、长枝条，5～6 个叶丛枝。对树冠内部的中庸枝条进行中短截，在成枝力强的品种上一般只抽生 2 个中、长枝，成枝力弱的品种上除抽生 1～2 个中、长枝外，还能萌生 3～4 个叶丛枝。

对大樱桃结果大树进行中短截后，有利于增强树势，促使花芽饱满，提高产量。对中强枝培养多轴枝组时，多采用中短截方法。在衰老树上，中短截后有利于增加中强枝数量，扩大营养面积，加快更新复壮。

（3）重短截。剪去一年生枝的 $1/2\sim2/3$。重短截可以平衡树势，培养骨干枝背上的结果枝组。还能够加强顶端优势，促发旺枝，提高营养枝和长果枝比例。重短截后成枝力弱，成枝数量约 2 个，成枝数量较少。平衡树势时，对长势强旺的延长枝进行重短截，能够减少其总生长量。在骨干枝先端培养结果枝组时，第一年多对直立枝条进行重短截，控制枝组高度，翌年对重短截后抽生的 $3\sim4$ 个中、长枝，采取去强留弱、去直留斜的方法，即可培养为结果枝组。

（4）极重短截。减去枝条的 $4/5$ 以上，在枝条基部只留几个芽。极重短截留的芽较瘪时，抽生出的枝条生长势较弱，因此，可以采取这种方法来削弱幼旺树中心干上的强旺枝条。对幼旺树中心干上的一年生枝留 $3\sim5$ 个芽极重短截，可培养出较细的结果母枝，增加结果母枝的数量。极重短截只在准备疏除的大樱桃一年生枝上应用，在结果树上极少应用。

13. 设施大樱桃栽培如何回缩？

将多年生枝剪去或锯掉一部分的修剪方式，可更新复壮，增强回缩部位下部枝的生长势。主要应用于结果枝组复壮和骨干枝复壮更新，可以调节各种类型结果枝的比例。回缩在休眠季节进行。回缩对促进枝条转化、复壮长势、促进潜伏芽萌发和花芽的形成都有良好的作用。在具体应用时必须慎重，不能盲目回缩，以免造成不良反应。对冠内的单轴枝组进行缩剪时，不可缩剪太急，否则，因营养面积迅速减少，在短时期内难以恢复，易引起枝组衰弱或枯死。如果适当回缩，能促进后部的花芽饱满，提高坐果率。对多年生大枝回缩后，能促使潜伏芽萌发新梢，起到老树更新的作用。

14. **设施大樱桃栽培如何疏枝？**

疏枝是把一年生枝或多年生枝从基部剪除的修剪方法，主要用于疏除树冠外围的强旺枝、轮生枝、过密的辅养枝和扰乱树形的大枝及无用的徒长枝、细弱枝、病虫枝等。疏枝可以改善树体通风透光条件、缓和顶端优势、均衡树势、减少营养消耗、促进花芽形成、平衡营养生长和生殖生长等。疏除时要分批、分期进行，不宜一次除去太多，且宜在休眠季节进行，以免造成过多、过大的伤口而引起流胶或伤口开裂，严重时造成大主枝死亡。

15. **设施大樱桃栽培如何缓放？**

对一年生枝不进行短截，任其自然生长的修剪方法。其作用正好与短截相反，主要是用来缓和树势、调节枝叶量、增加结果枝和花芽数量。要缓放的枝条顶端有3～5个轮生饱满的大叶芽时，要减去顶部轮生芽。缓放有利于花束状果枝的形成，是幼树和初果期树常用的修剪方法。幼树缓放的原则为细平不缓直；初果期树的缓放原则为缓壮不缓弱、缓外不缓内。缓放时要因树、因枝而异，对于幼树，角度较大的枝缓放效果较好，直立强旺枝和竞争枝必须拉水平或下垂后再缓放，如不先拉枝，这种枝加粗很快，易形成"霸王枝"或"背上树"，导致下部短枝衰亡，结果部位外移。各主干延长枝在扩冠期间不易缓放，否则不能形成理想的骨干枝。

16. **设施大樱桃修剪注意事项有哪些？**

（1）重视定植后1～2年内的整形修剪。大樱桃传统栽培中，多重栽培轻管理，尤其在整形修剪方面，忽视了芽、嫩梢的管理。现代栽培重视微修剪，芽和新梢控制管理到位，尤其在定植第一年，进行抹芽、刻芽，促进新梢萌发；当顶部嫩梢长到30厘米左右时进行控制，通过牙签撑开新梢基角角度，之后可以用开角器控制新梢角度；强调撑枝、坠枝，不提倡秋季拉枝，可在春季修剪后适当拉枝调整角度。

(2) 控制顶端优势。不论整形期间还是初盛果期，控制中心干延长枝和主枝延长枝顶端，保持一个延长头，其他疏除、重回缩、折断等，确保中心干分枝上小下大、主枝延长枝头轻，促进树冠内部抽枝。保持树形为纺锤形，只要适当保持中心干优势，所有主枝均可在80°~120°的状态下调控，将顶端优势最大限度地转移到主枝和大型结果枝群的中后部，抑制优势外移，以免树冠内部光秃，维持树体密植高产；丛状形树形的主要问题是骨干枝角度小，顶端优势不好控制，树冠内光秃快而且程度重，应及时"清头"。

(3) 保证主干、中心干强壮。树体健壮，关键是主干、中心干粗壮、直立，只有中心干粗壮，树体才能健壮。而樱桃根系浅，雨季风大时易倒伏或倾斜，致使树体衰弱，因此必须扶持中心干生长，措施是立支柱、支架，防倒伏。

(4) 强调生长季整形修剪。在大樱桃幼龄期至初果期进行整形修剪，70％的任务应在生长季进行，调整枝梢角度、扭梢、摘心等措施，都应在生长季进行。冬季疏枝、短截延长枝，剪口易流胶，剪口下的第一芽发枝弱，应在翌年春季发芽初期进行休眠期修剪。进入盛果期，需复壮结果枝群时，应于发芽前修剪。

(5) 疏缩大枝和改造树形。将不理想的树形改造成纺锤形时，应在果实采收后的生长季进行疏缩大枝。主要对象是过密、过乱、扰乱树形的枝条及衰弱不堪的辅养枝、裙枝等。此期调整树形，对调节树体各部分关系、均衡树势、改善树冠的光照条件、促进花芽形成等的效果显著。应注意的是疏带绿叶大枝和外围密枝时，应适当留桩，以利翌年再发新梢，并可减轻流胶和伤口风干对树的不良影响。

（6）幼树拉枝要避免劈枝。 大樱桃幼树期主枝多呈直立状生长，在人工撑拉枝时或负载量过大时，容易自分枝点劈裂，或使分枝点受伤流胶，削弱树势和枝势。因此，对幼树撑拉枝开角时，不要强行撑拉，可用手揉捏晃动枝条的中下部，然后将其拧劈，拧劈后再撑拉，这样便可避免劈裂现象的发生。

（7）保护好树体。 大樱桃树体受伤后，极易引起真菌、细菌的侵染，导致流胶或根癌病的发生。因此，在田间管理上，尽量避免损伤树体，在整形修剪过程中，应尽量减少造成大伤口，疏除枝条时，伤口要平、小，不要留桩。最忌留"朝天疤"伤口，这种伤口极不易愈合，容易造成树体木质腐烂或严重流胶等现象。

（8）尽量不要采用环割或环剥技术。 大樱桃不同于其他树种，极易受伤流胶，修剪大樱桃树时，尽量不要采取环割或环剥技术，因为该修剪手法产生伤口过大、过深，易使树体流胶严重发生折断现象甚至死树。

（9）掌握好修剪时期。 虽然在樱桃树的整个休眠期内都可进行冬季修剪，但以越晚越好，一般是以接近芽萌动期开始修剪为宜。因为木质部的导管较粗，组织松软，休眠期或早春修剪过早，剪口容易失水，形成干桩而危及剪口芽，或向下干缩影响枝势。在接近芽萌动期时进行修剪，此时分生组织活跃，愈合快速，可避免剪口干缩。

（10）及时疏除长枝和轮生枝。 大樱桃长枝往往出现3～5个轮生枝，应在其发生当年的休眠期进行疏除，最多保留2～3个即可，若疏除过晚，则伤口大、易流胶，对生长不利。

（11）幼树应适当轻剪。 幼树期生长势很旺，大樱桃的萌芽力和成枝力均较高，因此幼树期应适当轻剪，以夏剪为主，促控结合，抑前促后，达到迅速扩冠、缓和极性、促发短枝、早日结果的目的。

(12) 旺树要多次摘心。 大樱桃的芽具有早熟性，在生长季多次进行摘心，可促发二次枝和三次枝，夏季摘心保留 10 厘米左右的长度，剪口下只发出 1～2 个中长枝，下部萌芽形成短缩枝。因此，在整形修剪上可利用芽的早熟性，对旺树旺枝进行多次摘心，以迅速扩大树冠，加快整形进程，也可利用夏季摘心控制树冠，促进花芽形成，培养结果枝组。

(13) 注意减少成龄树的外围质量。 大樱桃树属喜光树种，极性生长强，在整形修剪时，若短截外围枝过多，就会造成外围枝量大、枝条密集、上强下弱的现象，内部小枝和结果枝组衰弱、枯死，影响产量。成龄树修剪时，要注意减少外围枝量，抑强扶弱，改善冠内光照条件，提高冠内枝的质量，延长结果枝组的寿命。

(14) 结果树剪口芽的保留位置要适当。 大樱桃的花芽是侧生纯花芽，顶芽是叶芽，花芽开花结果后，形成盲节不再发芽。在修剪结果枝时，剪口芽不能留在花芽上，而应剪留在花芽段以上 2～3 个叶芽上。否则，剪截后留下的部分结果枝会死亡，变成干桩，影响枝组和果实的发育。

17. 当前设施大樱桃修剪中主要存在的问题有哪些？如何解决？

目前大樱桃修剪中存在的主要问题有以下几个方面：一是幼树整形中普遍存在短截手法过多的问题，以致枝条密集、光照不良、树形紊乱。改造这类樱桃幼树时，对需要去除的大枝，要逐年分批次去掉。二是不分树木品种，都采用同一种修剪方法。对已经结果的树要分品种修剪，不能一律回缩短截。三是不分树势强弱，都采用同一种修剪方法。对长势旺的树应当缓放，如果回缩短截多，则越剪越旺。对长势偏弱的树和结果量少的树，应适当多回缩短截，否则易造成只开花不结果的现象，树势越来越弱。四是不分生长季节，不分树龄阶段，都采用相同的修剪手法。对幼树修剪时，除对主枝延长枝进行短截，促发新梢扩大树冠外，对其他中短枝则应尽量不动，以利于既长树，又结果。从长远利益考虑，对幼树主要是培养树形，为将来丰收打下基础，并在培养树形的基础上，培养结果枝组。

第八部分

设施大樱桃苗木栽植与幼苗期管理

1. 大樱桃苗木如何栽植？

（1）**修根**。栽樱桃之前先修根，将过长过粗的根进行短截，把有病害的根剪掉。

（2）**去膜**。把嫁接口的薄膜去掉。

（3）**蘸根**。在适量土中加入1.8%辛菌胺醋酸盐水剂500倍液搅拌均匀，浸泡根系。

（4）**栽植深度**。一般栽植到嫁接口处。

（5）**浇水**。栽植完毕立即浇大量水，间隔15～20天再浇1次。樱桃喜疏松土壤，土壤过紧或栽植过深不利于樱桃生长。

2. 小苗定植后的管理原则是什么？

苗木定植后，当年应加强土肥水管理、整形修剪、病虫害防治等各方面的管理，确保苗木生长健旺。定植当年的长势强弱对以后的长势影响很大，定植当年生长健壮，则树冠成形快，结果早，为以后早果、丰产、稳产打下坚实的基础。

3. 新栽苗木如何科学灌水？

一般苗木栽植后要确保浇灌3次水，即栽后立即灌足水，等水充分渗入后再覆土，之后间隔 10 天左右浇水 1 次，连续浇灌 2 次，以后视天气情况及时浇水，以促进苗木快速生长，这是保证栽植成活率的关键。

4. 新栽苗木如何定干抹芽？

大樱桃树体极性强，幼树期若不加强管理，往往导致主枝过大，横向生长量大，树势不易控制。应根据选择的树形和苗木质量进行定干处理，一般矮化密植立柱形在 40~50 厘米处定干，超细纺锤形在 80~100 厘米处定干，剪口距第一个芽 1.0 厘米，第二个芽会发育成竞争枝，需及时抹去或生长至 15~20 厘米时回缩控制生长；留第三个芽，第四、五个芽抹去，留第七个芽，依次类推，距地面 40 厘米以下不留芽。超细纺锤形或主枝直立形一般不定干，严格控制强侧枝生长，保持中心干直立。

5. 当年苗如何科学施肥管理？

5—8 月，用 2% 吲丁·诱抗素水剂 2 000~3 000 倍液＋50% 大量元素水溶肥（20-20-10）粉剂 1 000 倍液，喷施叶片 3~4 次，以促进枝、叶、根系及树体生长。用腐殖酸水溶肥间灌 2 次根系。

6 月再施入微生物菌肥 1~2 千克/株，间隔 15 天连续冲施 2~3 次高磷水溶肥（10-30-10）。当主干上着生的新枝长至 20~30 厘米时用牙签将基角顶开。

6. 如何科学防治当年栽植大樱桃苗的病虫害？

当年栽植的樱桃苗，一定要保护好叶片，确保叶片健康成长直至生理落叶期的到来，根据生长时期，一般间隔 10~15 天进行 1 次喷药，以真菌性药剂结合细菌性药剂预防，若感病需对症使用杀虫剂并注意叶面肥的应用，一般可选用碧康（辛菌胺）或素青（生物制剂）＋中生菌素或春雷霉素或溴硝醇＋菊酯类或螺虫乙酯等成分杀虫剂＋乙螨唑或乙唑螨腈＋芸苔素或苄氨·赤霉酸或海藻素或氨基酸类叶面肥，促进树体快速生长。主要需防治褐斑病、细菌性穿孔病等叶部病害及绿盲蝽、梨小食心虫和红蜘蛛类等虫害。

7. 应如何防治大樱桃草害？

设施大樱桃一般起垄栽培，也有少数果农依然采用树盘栽植法，如果采用树盘栽植，可用地膜或地布覆盖树盘，如果采用起垄栽培，在垄上覆盖防草布或黑塑料膜，具有保温、蓄水保墒、抑制杂草生长的作用。行间进行人工种草或间作矮生作物，切记不要间作高 50 厘米以上的作物，且间作物与幼树要保持 1.2 米的清耕带。

第九部分

设施大樱桃二年苗的综合管理

1. 栽植第二年如何科学秋施基肥？

设施大樱桃栽培一般采用滴灌设备进行肥水补给，一般于9月中下旬大樱桃秋梢停止生长，叶片尚未完全老化阶段进行秋施基肥。

施肥方案为：优质的全水溶矿物源腐殖酸类肥料或氨基酸类肥料＋全水溶微生物菌肥＋少量高氮高磷型或平衡型无机肥＋适量中微量元素肥。

2. 栽植第二年的大樱桃苗在生长期如何管理肥水？

乔化苗栽植第二年一般不成花，而采用吉塞拉系列砧木或K5等半矮化砧木嫁接苗，在肥水充足、管理得当的条件下，一般第二年偶见成花挂果。因此，如果是乔化苗木，栽植第二年肥水管理同第一年方案，可适当增加用量。如果是半矮化苗木，栽植第二年需注重控旺补磷，一般建议开春用氨基酸或矿物源腐殖酸类肥料＋高氮高磷水溶肥进行滴灌，花前适当补充高磷型水溶肥，硬核期补充高磷高钾型肥料，适当补充钙肥；6月中下旬间隔15天连续喷施2遍10％调环酸钙悬浮剂800～1 000倍液，可有效控制枝条旺长，促进营养生长向生殖生长转化，促进花芽分化，达到早产的目的；注重叶面肥的应用，樱桃属喜铁作物，叶面可喷施2遍6%EDDHA-Fe6粉剂3 000～4 000倍液，不同时期合理应用不同作用生长调节剂，如芸苔素、胺鲜酯、赤霉酸等。

3. 栽植第二年的大樱桃展叶开花前应如何防治病虫害？

开花前主要防治病害为细菌性穿孔病、流胶病，主要防治虫害为绿盲蝽、草履蚧、金龟子，还应注意增强树势、预防低温冻害、提高坐果率。

防治方案：40%异菌·腐霉利悬浮剂2 000倍液＋10%氟氯·噻虫啉悬浮剂2 000倍液（不伤蜂）＋5%胺鲜酯水剂1 500倍液＋21%硼粉剂1 000倍液。

4. 栽植第二年的大樱桃谢花后应如何防治病虫害？

大樱桃谢花后主要防治病害为细菌性穿孔病、褐斑病等叶部病害，主要防治虫害包括绿盲蝽、蚜虫、金龟子，还应注意增强树势、促进叶片生长、扩冠等。

防治方案：40%异菌·腐霉利悬浮剂2 000倍液＋4%春雷霉素水剂1 500倍液＋20%溴氰·吡虫啉悬浮剂3 000倍液＋复合海藻素＋10%螯合钙水剂4 000倍液＋含硅水溶肥（背负式喷雾器单独喷施）。

5. 栽植第二年的大樱桃硬核期应如何防治病虫害？

大樱桃硬核期主要防治病害为褐腐病、穿孔病、褐斑病、灰霉病、炭疽病等，主要防治的虫害有果蝇、小绿叶蝉、绿盲蝽、介壳虫，还应注意预防裂口，提高果实硬度、表光。

防治方案：10％苯醚甲环唑水乳剂 2 000 倍液＋4％嘧啶核苷类抗菌素水剂 800 倍液＋60 克/升乙基多杀菌素悬浮剂 1 500 倍液＋15％高效氯氟氰菊酯可溶液剂 4 000 倍液＋3％硝钠·胺鲜酯水剂 800～1 000 倍液＋10％螯合钙水剂 4 000 倍液＋含硅水溶肥（背负式喷雾器单独喷施）。

6. 栽植第二年的大樱桃采收前应如何防治病虫害？

大樱桃采收前主要防治病害为炭疽病、褐腐病、褐斑病、细菌性穿孔病，主要防治虫害有果蝇，还应注意补钙、预防裂口，提高果实硬度、表光。

防治方案：40％苯醚甲环唑悬浮剂 4 000 倍液＋60 亿孢子/毫升枯草芽孢杆菌 R31 水剂 1 000 倍液＋0.5％苦参碱 1 000 倍液。

7. 栽植第二年的大樱桃采收后应如何防治病虫害？

大樱桃采收后主要防治病害为褐斑病、细菌性穿孔病、叶斑病、流胶病，主要防治虫害为苹掌舟蛾、梨小食心虫、红颈天牛、红蜘蛛、白蜘蛛，注意预防高温伤害和"双棒果"，还应注意补钙、预防裂口，提高果实硬度、表光。

防治方案：30％苯甲·丙环唑悬浮剂 1 500 倍液＋3％中生菌素可湿性粉剂 1 000 倍液＋50％联苯·啶虫脒可湿性粉剂 4 000 倍液＋0.03％S-诱抗素水剂 1 000 倍液。

第十部分

设施大樱桃生长期的管理

1. 设施大樱桃萌芽期指哪一时期？

萌芽期是指芽体膨大、芽鳞片绽开到幼叶分离或花蕾伸出的时期，是花芽和叶芽竞争营养的重要阶段。

2. 设施大樱桃萌芽期如何调控温湿度？

（1）温度调节。 经过 15～20 天的升温期，大部分芽开始吐绿，但由于设施内环境、位置、树体方位的差异，同一设施内会出现生长发育不一致的现象。适当地控制局部的温度，调整树体发育的整齐度，尽量同时进入花期，便于管理。

高温会加速花芽发育，却抑制胚珠多糖水解，难以满足胚珠、胚囊快速发育对碳水化合物的需求，最终胚囊败育。若这一时期白天温度过高，花期会出现花瓣小、花柄短、柱头短或弯曲、花粉量少等现象，不利于媒介授粉。若采用蜂媒辅助授粉，白天的温度应控制在 12～16 ℃，确保花器官的发育，有利于授粉受精。夜间最低温度控制在 5 ℃左右。

（2）湿度调节。 地面覆盖薄膜的，土壤湿度变化不大；未覆盖薄膜的，若土壤缺水，可小水补浇，切勿大水漫灌，会延迟花期。当设施内空气湿度降至 20% 以下时，需要地面喷水加湿，防止湿度过低发生烤芽现象。

3. 设施大樱桃萌芽期如何进行抹芽、修剪？

通过抹除过多或过密的叶芽和花芽，减少对贮藏营养的消耗，促进坐果，还可以减少疏花疏果和夏季修剪的工作量。

抹除叶芽：对于多头新梢、叶芽密集的，应疏除过多的叶芽，保留一个相对较弱的叶芽；对于修剪时留的短橛，如果萌发后不抹除，会大量发枝，造成养分的浪费，可根据叶的长势和角度适当保留，确保有生长点，避免形成光秃带；对于主枝上萌发的背上芽，容易形成徒长枝，可根据空间和实际情况，留或抹除；对于枝条基部的潜伏芽可以全部抹掉。疏除部分过密、过弱花芽。

4. 设施大樱桃萌芽后如何科学管理肥水？

萌芽期不宜浇水施肥。生产上为了促进花和叶养分的供应，可以用菌肥或含腐殖酸水溶肥＋高磷水溶肥。

5. 设施大樱桃花期管理工作应注意哪些问题？

（1）肥水管理。 大樱桃花期需要足够的水分，若水分不足，土壤墒情差，花朵发育不良，花粉生命力弱，会影响授粉及坐果。所以，种植户一定要根据天气和土壤墒情，在开花初期适量隔行灌小水，并随水冲施适量氮肥，一般以每亩地 5 千克为宜。

（2）温度管理。 设施大樱桃花期白天温度应保持在 18～20 ℃，夜晚温度应保持在 8 ℃左右。整个花期要避免温度高于 25 ℃，否则会影响胚胎的存活率。夜晚温度不能低于 5 ℃，温度过低会影响生长，严重降低大樱桃的产量。

（3）人工授粉。 大樱桃自花授粉坐果率相对来说比较低，同时不同的品种还要搭配授粉树，所以一定要搭配人工辅助授粉，为了让坐果率或者授粉率更高，可以喷施硼肥和钙肥，既补充钙营养，又可以促进开花结果。

（4）疏花疏蕾。 设施大樱桃花期要做好疏花疏蕾工作，可以将大樱桃过多的花朵剪掉，以提高果实品质，而在樱桃果期，需要将小果、变形果和畸形果剪掉，以免养分流失。

（5）避免冻害。 2月天气变化无常，樱桃开花早，受到最直接的危害就是"倒春寒"引发冻害。建议果农朋友们及时关注天气变化，在冷空气来临前以熏烟或喷施防冻类产品的方法抗击霜冻。

6. 设施大樱桃果实膨大分为几个时期？

大樱桃果实发育过程可以分为速长期、硬核期、第二次速长期。

速长期是从谢花至硬核前。这段时期子房细胞分裂旺盛，细胞迅速膨大，采收时的果实大小主要取决于速长期的果实发育程度。

硬核期的主要特点是果实纵横径增长缓慢，果核木质化，胚乳逐渐被胚发育所吸收。同时，此时也是樱桃树体营养转换的关键时期，在此时期树体贮藏的营养逐渐消耗殆尽，果实开始利用当年营养来完成果实的生长发育。

第二次速长期决定着单果重及果实品质。

从樱桃果实各个时期的生长发育特点可知，花后到樱桃果实硬核期前是需肥、需水的高峰期，也是大樱桃坐果和果实膨大的关键时期。同时，樱桃常会发生幼果早衰，出现大量果核软化的柳黄果，柳黄果脱落，称"柳黄落果"。落果的程度因品种、树势而不同，壮树较轻，弱树较重。

7. 设施大樱桃果实膨大期应如何管理？

（1）合理疏果留果。 一般一花束状短果枝留3～4个果实，最多4～5个果实，疏果应疏小果、弱果和畸形果，集中养分供应良果。

（2）控制新梢旺长。主要通过摘心掐尖的方法进行控制。

（3）注重病虫害防治。重点防治穿孔病和灰霉病，棚内要合理防风透气，防止湿度过大，同时叶面喷施钙肥。

（4）控制温度、湿度。白天温度保持在 20～25 ℃，晚上温度保持在 8～10 ℃，湿度在 60%～70%。

（5）选用高钾肥料。高钾肥可促进果实膨大，减少生理落果，提高果品质量、表光等，同时，为了减少大樱桃的裂口现象，可使用钙肥、硅肥，促使樱桃膨果快、着色好、产量高。

8. 设施大樱桃采摘后应如何进行施肥管理？

（1）及时追肥。在大樱桃果实生长、成熟时期，消耗树体大部分养分。所以在采果后应及时追肥，使树叶片光合作用增强，积累足够多的养分，健壮树势，形成饱满优质的花芽。追肥应以速效钾肥为主，厩肥、人粪尿或复合肥为辅，用量可根据采果量或树龄而定，一般在 3～5 千克即可。生长期地面追肥应控氮，以免大樱桃树徒长影响花芽的形成。最好也同时使用尿素、磷酸二氢钾兑水喷施叶面，可快速补充营养，提高抗性和花芽的质量。兑水浓度一般掌握在 0.3%～0.5%。

（2）采果后追肥。果树采果后追肥被种植户们形象地称为"月子肥"。不但形象，而且也是有必要的，是果树生产后加强营养，恢复"体质"的一种管理措施。对大樱桃来说，"月子肥"尤为重要，因为采果后花芽很快进行分化，如果营养不足，则可能影响花芽的质量，甚至翌年的产量、收益。

9. 设施大樱桃采摘后应如何进行修剪管理？

与很多果树一样，大樱桃在夏季也需要修剪，对调节果树树势、平衡枝组数量、加强果园通透性、防止早衰等都有帮助。夏季修剪的程度要适当，不可过重影响到花芽数量，同时也要保证良好的树冠和科学的空间。

主要对过密枝、重叠枝、交叉枝、无效徒长枝、病虫害枝等进行疏除。对于当年的新生枝条要适时摘心，抑制其旺长，促进花芽分化。

拉枝并非只有春季才能进行，夏季采果后对大樱桃树枝条拉枝，也是增强树势、增加花芽量的一种管理措施。可以对角度小、走向不合理，甚至徒长的枝条进行拉枝开角。拉枝时角度不可过小，不能损伤、折断枝条，并在绑缚处垫一层棉布，防止时间久了出现勒痕、易折断等现象。

化控也是调节树势、控制树冠的一种管理措施。对一些旺长的大樱桃树，在采果后的盛夏季节，要对新梢适当化控。可用多效唑或果树专用的促控剂 PBO 进行化控，促进花芽形成。

10. 设施大樱桃采摘后应如何进行墒情管理？

大樱桃怕旱、怕涝，尤其是根部呼吸作用强，对水比较敏感，极不耐水淹。果园的排灌设施是要经常用到的，所以，在栽种大樱桃树之前就要有明确的规划。园中开好排水沟、架设浇灌设备等，争取雨季园中不积水，旱季土壤不缺墒。

11. 设施大樱桃采摘后应如何进行病害管理？

大樱桃枝干流胶病是一种常见的果树病害。胶状物从枝干处流出，可致果树衰弱，抵抗力降低，严重者导致果树死亡。在温度上升、雨量增多的季节，发病比较频繁。很多因素可导致流胶病的发生，如一些以钻食为主的害虫蛀食枝干，修剪时机械损伤，病害（真菌、细菌）侵染等。

　　防治流胶病时，应减少对树体的损伤，并对伤口进行保护处理。积极防治病虫害，在病虫害多发季节可对树体涂抹保护剂，如进行树干涂白等，可减少病害的侵染，减少流胶病发生的概率。

　　采果后，大樱桃叶片易出现褐斑穿孔病，顾名思义染病后叶片出现褐斑，继续侵染叶片将出现空洞脱落，是造成大樱桃树提前落叶，影响花芽质量的主要病害。此病害多是由真菌引起的，防治时可用多菌灵、甲基硫菌灵等喷施，有不错的防治效果。

第十一部分

设施大樱桃初果期的综合管理

1. 设施大樱桃初果期应注意哪些问题？

大樱桃进入第三年为初结果期，此期一是要继续促花，为明年优质高产打好基础；二是将初结果实培育成个大、优质的果实。

2. 设施大樱桃初果期促花措施有哪些？

(1) 果树萌芽前（3月之前），对于一年生主干上的芽，隔3个芽用刀或钢锯条刻一下，钢锯条两侧需用砂轮磨平。

(2) 主干上枝条长至10厘米时用牙签开角，或用木夹夹在新梢顶端，将新发枝条拉至下垂状态。

(3) 新发枝条开角后，要将生长点掐掉（摘心），摘心后当新梢再长至10多厘米时再将生长点掐掉。

(4) 6月是樱桃花芽的生理分化期和形态分化期，要及时喷施50％矮壮素水剂600倍液＋亚磷酸钾水剂800倍液＋2％苄氨基嘌呤可溶液剂1 000倍液，以利于控制树体旺长，促进花芽形成。除在树上喷施控旺成花产品外，地下应施入高磷水溶肥＋微生物菌肥＋硼肥，快速补充营养，保证花芽分化期养分的供给。

3. 设施大樱桃初果期病虫害防治方法有哪些？

　　6 月于叶面喷施戊唑醇或苯醚甲环唑与丙环唑复配的药物，并与 1（硫酸铜）∶2（生石灰）∶200（水）的波尔多液交替使用，以保护叶片，严防叶片提早脱落。

第十二部分

设施大樱桃丰产期的综合管理

1. 设施大樱桃丰产期土壤管理应注意的问题有哪些?

大樱桃生长发育期短,栽培中多施用有机肥料,合理使用氮、磷、钾肥,补充微量元素,才能达到枝条充实成熟、花芽饱满、果实成熟期集中、产量高品质好的效果。

2. 设施大樱桃丰产期果实采收后应怎样施肥?

设施栽培大樱桃丰产期果实采收后管理的重点是增加树体贮备营养。一般在果实采收后,结合深翻土壤,挖穴开沟施肥,切断部分表层细根,促发大量吸收根系。一次性施足基肥,可使用优质商品有机肥 1 000 千克以上,混施掺混肥料 [16(氮)12(磷)10(钾)] 80~100 千克,加菌肥 100~200 千克,使叶片保持厚而浓绿,枝条粗壮,光合产物积累多,树体贮备营养足,为翌年萌芽、开花、结果和新梢生长、花芽分化打好基础。

3. 设施大樱桃丰产期应怎样科学追肥?

应用先氮后磷钾施肥技术是盛果期大樱桃优质丰产的基

础，即生长前期适量施用氮素，供枝条叶片生长；果实硬核后多施磷、钾元素，提高土壤供肥能力和树体营养。生长前期适量地增施氮肥，可用高氮型大量元素水溶肥＋微生物菌剂，促进叶片增大，提高叶片功能，增强树势；果实硬核后，追施高磷高钾型大量元素水溶肥＋微生物菌剂，使果实充分成熟；并根据后期生长情况补充钙、铁、锌等元素。

4. 设施大樱桃丰产期应怎样科学补充叶面营养元素？

在大樱桃丰产期进行叶面补肥可弥补根系吸收不足的缺陷。据试验，发芽前使用6％EDDHA－Fe6粉剂3 000～4 000倍液喷干枝，叶片明显增大增厚，细菌性穿孔病发病率降低；果实采摘后，大樱桃叶片功能减弱，喷2～3次98％磷酸二氢钾粉剂600倍液＋0.3％尿素，可延缓叶片衰老，提高光合效率，增强树势，使枝芽充实饱满。

5. 设施大樱桃丰产期如何控制水分？

(1) 地下水分控制。 首先根据大樱桃不同需水期，重点浇好封冻水、花前水和果实膨大期用水3次关键水；其次，依据土壤墒情采用少水勤浇的方法，可沟灌或穴灌。

(2) 设施内温、湿度调控。 大樱桃在顺利通过自然休眠后即可开始逐渐升温，以免因突然升温造成性器官败育。从升温到花期，白天温度保持在16～22 ℃，夜间不低于5 ℃；花期适温为22 ℃，湿度50％左右；谢花后至果实采收前，白天温度保持在22～25 ℃，夜间不低于10 ℃。温、湿度过高时通风降温排湿，过低时生炉加温、喷水补湿，以免温度过高过低缩短或延长成熟期，影响产量和效益。

6. 设施大樱桃丰产期应如何管理树体？

丰产期大樱桃树体管理最重要的是培养稳定健壮的树势。果实采摘后，应适当疏除层间大型枝组及外围密枝、光秃枝，调整树体结构，疏除老、弱、短枝，选留壮枝，延长盛果年限并稳定产量。

7. 设施大樱桃丰产期应如何防治树体病虫害？

在丰产期危害大樱桃的主要病害有花腐病、褐腐病、细菌性穿孔病；主要害虫有蚜虫、红蜘蛛、白蜘蛛等。要想减少丰产期病虫害，则需在扣棚前将园内枯枝、落叶、僵果、杂草清理干净，并刮除老翘皮，剪除病虫枝，减少寄生场所。大樱桃发芽前喷 80％硫黄水分散粒剂 200 倍液＋45％毒死蜱乳油 800 倍液，杀死残留在树体、园内的病菌和害虫，减少病、虫源。生长期可交替使用细菌性药剂与真菌性药剂。

第十三部分

设施大樱桃常见病害及防治方法

1. 设施大樱桃褐斑病有什么症状？

叶表初生针头大小带紫色的斑点，后扩大为圆形褐色斑，直径1～5毫米，病部干燥收缩，周缘产生离层，常由此脱落，呈褐色穿孔，斑上具黑色小粒点。

2. 设施大樱桃褐斑病的发生规律是什么？

褐斑病病原以子囊壳在病叶上越冬，第二年由此产出孢子进行初侵染和再侵染，雨水重的年份发病偏重，防治不及时可导致大面积早期落叶，严重影响当年产量和第二年花芽质量。

3. 设施大樱桃褐斑病应如何防治？

增强树势，提高树体的抗病能力，要特别重视使用有机肥，确保树体营养全面平衡；采收后喷药，采用30％苯甲·丙环唑悬浮剂2 000倍液＋1.8％辛菌胺醋酸盐水剂500倍液，并与波尔多液交替使用，可增强防效。

4. 设施大樱桃细菌性穿孔病有什么症状？

春季开花时，病原菌从气孔侵入叶片，随温度升高病原菌开始繁殖并形成病斑。病叶最初出现黄白色至白色的圆形小斑点，斑点逐渐变浅褐色、紫褐色，最后干枯脱落、穿孔。

5. 设施大樱桃细菌性穿孔病的发生规律是什么？

病菌在落叶或枝条病组织（主要是春季溃疡病斑）内越冬。翌年随气温升高，潜伏在病组织内的细菌开始活动。樱桃开花前后，细菌从病组织中溢出，借助风、雨或昆虫传播，经叶片的气孔、枝条和果实的皮孔侵入。叶片一般于5月中、下旬发病，夏季如干旱，病势发展缓慢，到8—9月秋雨季节又发生后期侵染，常造成落叶。温暖、多雾或雨水频繁利于病害发生。树势衰弱或排水不良、偏施氮肥的果园发病常较严重。

6. 设施大樱桃细菌性穿孔病应如何防治？

发芽前喷施1.8%辛菌胺醋酸盐水剂200倍液；生长期间喷3%噻霉酮微乳剂2 000倍液或4%春雷霉素水剂500倍液或3%中生菌素可湿性粉剂1 000倍液，可有效预防大樱桃细菌性穿孔病的发生。每次喷药时都应加喷细菌类药物，并交替使用。

7. 设施大樱桃褐腐病有什么症状？

主要危害叶、果。叶片多在展叶期发病，初在病部表面出现不明显褐斑，后扩及全叶，斑上生灰白色粉状物。嫩果染病，表面初现褐色病斑，后扩及全果，致果实收缩，表面生灰白色粉状物，即病菌分生孢子。病果多悬挂在树梢上，成为僵果。

8. 设施大樱桃褐腐病的发生规律是什么？

病菌主要以菌丝在僵果及枝梢溃疡斑中越冬，来年产生大量的分生孢子，由分生孢子侵染花、果、叶，再蔓延到枝上。花期低温、多雨、潮湿易引起花腐，后期温暖、多雨、多雾易引起果腐。

9. 设施大樱桃褐腐病应如何防治？

褐腐病的防治贯穿大樱桃的整个生长期，休眠期及时收集枯枝、烂叶、僵果并及时深埋或销毁，树上喷施80％硫黄水分散粒剂200倍液或石硫合剂；谢花后每7～10天间喷30％苯甲·丙环唑悬浮剂2 000倍液＋1.8％辛菌胺醋酸盐水剂500倍液或25％丙环唑乳油1 000倍液；采收后使用25％丙环唑乳油1 000倍液或30％苯甲·丙环唑悬浮剂2 000倍液或43％戊唑醇悬浮剂2 000倍液，要与波尔多液交替使用。

10. 设施大樱桃灰霉病有什么症状？

大樱桃灰霉病菌初期侵染花瓣，其次是叶片和幼果。花瓣和叶片发病后出现棕色油渍斑，潮湿环境下产生灰色毛绒真菌，果实变褐、腐烂、凹陷，出现毛绒霉变，最后软化、腐烂和收缩。

11. 设施大樱桃灰霉病的发生规律是什么？

病原以菌核及分生孢子在病果上越冬。春天随风、雨传播侵染。该病在棚内发生的时期是末花期至揭棚前，由气流和水传播。棚内湿度过大、通风不良和光照不足易发病。棚内湿度超过

85％的情况下，即使其他条件都好，灰霉病亦发生，由蔬菜改植大樱桃的大棚内更易发生此病。

12. 设施大樱桃灰霉病应如何防治？

幼果期叶面喷施甲硫·乙霉威或苯醚甲环唑进行防治。

13. 设施大樱桃炭疽病有什么症状？

此病主要危害果实，也可危害叶片和枝梢。果实于果实硬核期前后发病，发病初期出现暗绿色小斑点，病斑扩大后呈圆形、椭圆形凹陷，逐渐扩展至整个果面，使整果变黑、收缩变形。天气潮湿时，在病斑上长出橘红色小粒点，即病菌分生孢子盘和分生孢子。叶片受害后，病斑呈灰白色或灰绿色，近圆形，病斑周围呈暗紫褐色，后期病斑中部产生黑色小粒点，略呈同心轮纹排列，叶片病、健交界明显。枝梢受害后，病梢多向一侧弯曲，病梢上的叶片萎蔫下垂，向正面纵卷呈筒状。

14. 设施大樱桃炭疽病的发生规律是什么？

病菌主要以菌丝体在病梢组织和树上僵果中越冬。病菌发育最适温度为24～26℃，翌年春季3月上中旬至4月中、下旬，分生孢子随风、雨及昆虫传播，侵害新梢和幼果，引起初次侵染，5月底至6月再次侵染。

15. 设施大樱桃炭疽病应如何防治？

在冬季清园，结合冬季整枝修剪，彻底清除树上的枯枝、僵果、落果，集中销毁，以减少越冬病源。加强果园管理，园地注意排水，通风透光，降低湿度，增施磷、钾肥，提高植株抗病能力。谢花后连续对症喷施 3 遍药剂，可选用苯醚甲环唑或丙环唑＋甲基硫菌灵。

16. 设施大樱桃病毒病有什么症状？

大樱桃病毒侵染的植株叶片出现花叶、斑驳、扭曲、卷叶、丛生，叶片功能衰退，坐果少、果实小，果实上呈现花脸状，严重时主枝或整株死亡。

17. 设施大樱桃病毒病的传播途径有哪些？

大樱桃病毒病可通过伤口或剪锯口传播，砧木或接穗带毒均可使植株带毒，修剪工具交叉使用也可传播病毒，相邻树之间枝叶摩擦或根系间伤口接触也均可传播病毒。

18. 设施大樱桃病毒病应如何防治？

大樱桃病毒病属于世界性难题，没有特效防治方法，现在只能使病毒"钝化"，使树体带毒而不表现症状。钝化方案：①提高优质有机肥和有效微生物菌肥的用量。②生长季节于叶面喷施 1.8% 辛菌胺醋酸盐水剂 500 倍液＋100 克/升锌肥粉剂 1 000 倍液＋5% 胺鲜酯水剂 1 500 倍液，间隔 20 天喷 1 次，连喷 3～4 次。

19. 设施大樱桃流胶病有什么症状？

大樱桃流胶病是樱桃的一种重要病害，其症状分为干腐型和溃疡型流胶 2 种。干腐型流胶病多发生在主干、主枝上，初期病斑不规则，呈暗褐色，表面坚硬，常引发流胶，后期病斑呈长条形，干缩凹陷，有时周围开裂，表面密生小黑点。溃疡型流胶病病部有树脂生成，但不立即流出，而是存留于木质部与韧皮部之间，随树液流动，之后从病部皮孔或伤口处流出。

20. 设施大樱桃流胶病的发生原因是什么？

引起大樱桃流胶病的原因很多，主要包括侵染性病害、非侵染性病害、虫害及管理不善、肥水投入不足导致树势严重衰弱等。总之，流胶病的发生与树体营养不平衡有关。

21. 设施大樱桃流胶病应如何防治？

现在果农比较喜欢投入立竿见影的无机化肥，很少有果农重视有机肥的投入，长期下去，容易导致土壤板结、土壤酸化进而使营养元素被固定，造成大樱桃生理失调，需要的营养元素吸收不到，因此需加大有机肥的投入，改善土壤团粒结构，培肥地力。

也可通过涂药防治，先用刀将胶刮除，再将流胶部位用刀刮至木质部，然后用 1.8% 辛菌胺醋酸盐水剂 2 倍液＋植物微生态制剂涂抹，一周之内连涂 2 次。

22. 设施大樱桃根癌病有什么症状？

大樱桃根癌病主要发生在树体根颈部，偶尔会发生于侧枝，病部呈球状或不规则扁球形瘤状，病瘤有大有小，每株树根的病瘤少则 3～5 个，多则数 10 个。植株患病后会影响营养和水分的吸收运输，从而导致大樱桃植株生长缓慢，树势弱、发病轻时会导致果实小、品质差，发病严重时会造成大量死树。

23. 设施大樱桃根癌病的发生规律是什么？

病原菌在病组织中越冬，大都存在于癌瘤表层，当癌瘤外层被分解以后，细菌被雨水或灌溉水冲下，进入土壤。细菌能在土壤中存活很长时间。可由嫁接伤口、虫害伤口入侵，土温在18～22 ℃时最适合癌瘤的形成，一般经 3 个月表现症状。土壤和病株的病菌通过雨水、灌溉及修剪扩散传播。中性和微碱性土壤较酸性土壤发病重，重茬地及菜园地发病重。发病程度还与砧木品种有关。

24. 设施大樱桃根癌病应如何防治？

大樱桃根癌病的防治遵循"预防为主、综合防治"的原则，增施有机肥和微生物菌肥，增强树势；除草和施肥的时候要尽量防止对根系造成损伤；雨季及时排水，降低土壤湿度，严防涝害；做好地下虫害防治，防止蛴螬等害虫对根系造成伤害；发现已发病植株，及时将根系扒出，用利刃将根瘤刮除，然后用1.8％辛菌胺醋酸盐水剂＋含氨基酸水溶肥兑水灌根，间隔 20 天灌 1 次，连灌 3 次。

25. 设施大樱桃裂果的原因是什么？

（1）品种因素。果肉硬、果皮韧性差的品种裂果重，果肉弹性好的品种裂果轻，坐果率高的品种裂果轻，坐果率低的品种裂果重，坐果率高的植株供给每个果实的水分、营养相对较少，果实膨胀率减慢，裂果较轻。

（2）土质因素。土壤疏松、排水条件好的沙壤土裂果轻，排水条件差、黏重土壤裂果重。

（3）气候、水分因素。临近成熟期，阴雨天较多或大水漫灌，造成土壤湿度急剧变化，水分通过根系运输到果实，使果肉细胞迅速膨大，果实中的膨胀压增大，涨破果皮，造成裂果。空气中水分含量的急剧变化，也可造成裂果，果实成熟期因阴天或下雨，大棚内空气湿度增大（80%以上），晴天后或突然放风造成棚内湿度急剧变小，也会造成大量裂果。

26. 如何有效预防设施大樱桃裂果？

（1）正确选择品种。目前大樱桃还没有完全抗裂果的品种，只是不同品种裂果出现的概率、程度有区别，建议果农们在选择品种时根据当地的气候条件选择早熟或晚熟的品种。

（2）防雨或者避开雨季。对于一些早熟的品种尽量在雨季到来前采摘，这样避开雨季可避免裂果的损失。晚熟品种在成熟期遇到降雨可以搭建遮雨棚，避免雨水冲刷导致大量裂果。

（3）加强肥水管理。早春加大地下补硅和补钙力度，谢花后将叶面补硅肥和补钙肥相结合；在果实生长期要尽量保证水分平衡，不要使土壤忽干忽湿，可以用滴灌的方式来浇水，这样灌溉更均匀。在果实进入着色期的时候覆盖地膜来保水。9月秋施基肥，大力提高土壤有机质的补充与投入，优化土壤团粒结构，增强土壤保肥保水能力，从而有效增强树势。

27. 设施大樱桃生理落果的原因有哪些？

大樱桃生理落果一般发生在以下3个时期：第一次是落花后7天，果实尚未膨大时；第二次是花后2～3周，果实如黄豆大小时；第三次是硬核后。

落花后7天落果主要是由于没有授粉受精，或者是受到冻害；花后2～3周，果实如黄豆大小时落果主要是因为受精不完全，胚的发育受阻，幼果缺乏胚供应的激素，其次是因为新梢进入生长高峰，由于营养竞争，幼果养分供应不足，这个时期的表现是果仁干瘪，幼果萎缩、脱落，新梢旺长；硬核后落果是因为受精不良，或者硬核时温度高，新梢旺长，受精胚中途停止发育。

28. **为什么设施大樱桃已经到了硬核期还会落果？**

一是大棚内光合效能低，不能满足果实生长发育所需。二是设施大樱桃硬核期昼短夜长，夜晚棚内温度过高，果树呼吸作用旺盛，消耗营养多，导致种仁干瘪，从而落果。三是中午温度过高，叶片加速蒸腾，叶片争夺水分的能力强于果实争夺水分的能力而引起的落果。

29. **如何有效防止设施大樱桃落花落果？**

（1）**选择优良品种。**合理搭配授粉树种植，要选择早熟、树体紧凑矮小、成花快、坐果率高的品种；另外配置 2～3 种与主栽品种花期一致、花芽量大、花芽发芽率高、经济价值高的品种为授粉树。

（2）**合理修枝整形，调节树势。**大樱桃树的修剪应在生长季节完成，主要剪除过密枝和徒长枝，利用短枝和花束枝平衡树势，协调营养生长与生殖生长的关系，避免因长势过旺而不坐果，或因结果过多而造成树势衰弱，花器官退化。

（3）**加强采收后树体管理。**大樱桃的果实发育期较短，果实采收后，需增施有机肥，并配合果树专用肥，以促进花芽的形成，提高树体贮藏营养的水平。

（4）**加强大棚内的温湿度调控。**如果采用大棚种植，萌芽到开花初期的温度保持在 20～22 ℃，花期为 22 ℃，落花后至果实膨大期为 22～25 ℃，果实着色至采收不能高于 25 ℃；发芽后棚内温度低于 2 ℃时要生炉加温，高于 25 ℃要通风降温。从扣棚升温到萌芽保持相对湿度在 70％～80％，花前保持在 50％～60％，花后至果实采收保持在 60％左右。

(5) 注意病虫害的防治。 大樱桃的病虫害应以预防为主，防治结合。可在发芽前喷施石硫合剂并铲除残留在树体的病菌和害虫；开花前后喷施可防治花腐病的杀菌药剂；谢花后至果实采收前，每隔 10～15 天喷施防治烂果病、穿孔病、流胶病的相关药剂；注重红蜘蛛的防治。

30. 设施大樱桃黄叶病发生的主要原因是什么？应如何防治？

(1) 缺铁引起的果树黄叶。 主要表现为树梢上部新叶除叶脉仍为绿色外，其余全部变为黄绿色或黄白色，叶片小而薄，严重时因叶缘枯焦而大量脱落。防治措施：增施有机肥，结合深翻施入 1％的硫酸亚铁溶液以改良土壤。

(2) 病毒型黄叶。 这种黄叶问题比较普遍，主要表现是：叶片呈深浅相间的黄色，边缘不是很清晰；有的呈现大小不一的鲜黄色斑块，边缘清晰；有的带有条状斑，沿叶脉变黄失绿；有的沿叶脉出现黄化镶边。防治措施：对于病毒型黄叶，并没有有效的治疗药物，要以预防为主；不可以在病株上采接穗作为繁殖材料；早发现早处理，一旦发现要及时销毁病株；推广脱毒的大樱桃苗，这种方法最有效。

(3) 缺氮引起的果树黄叶。 如果大樱桃树重复利用叶片内的氮，会使老叶片失氮，表现出失绿黄化，最后脱落。防治措施：增施富含氮素的肥料，在果树生长期，可以在叶面喷施尿素。

(4) 根腐型黄叶。 因为大樱桃苗的根腐病引发黄叶，烂根的枝条叶片往往又小又黄，严重时，叶片会在几天内全部变黄枯焦。防治措施：对大樱桃苗果园进行深翻改土，增施适量的有机肥，大约每株壮年果树用 50 千克，早春或初秋进行灌根促根。

(5) 早期落叶型黄叶。大樱桃苗早期落叶病会引发果树黄叶。早期落叶型黄叶多出现褐斑，病斑的周围有绿线，之后继续向外扩展变黄。防治措施：增施有机肥，满足果树对营养的需求；秋末冬前，彻底清园，减少病菌的残留。

(6) 干旱型黄叶。大樱桃苗太干旱，水分供应不足，就会使果树叶片缺水，发生干枯黄化的现象。防治措施：加强果树的水分管理，及时灌水，满足果树对水分的需求；如果果树失水严重，灌溉条件不足，就可以直接对树冠进行喷水补水。

(7) 虫害引起的果树黄叶。由于果树遭受严重的一种或多种虫害，导致果树因虫害而黄叶。防治措施：注意观察大樱桃苗，及时预防，一旦发现，要及时对症防治；果树灭虫后，要继续用药 1~2 次，防止虫害的复发。

(8) 肥害与药害黄叶。施肥过多、离根际过近、喷施农药浓度过高、用药量过多等，都会导致大樱桃苗出现黄叶现象。表现为叶尖、叶边先发黄，然后变成铁锈色。防治措施：适量施肥用药，不用果树敏感的药物。严格按照果树施药的正确操作进行施药。果树发生药害后，及时对树冠进行喷水解救。

第十四部分
设施大樱桃常见虫害及防治方法

1. 桑白蚧的危害症状有哪些？

桑白蚧以危害核果类果树为主，主要以若虫或雌成虫群集在枝干上刺吸汁液。危害严重时，主干及整株枝条都布满了介壳，相互重叠在一起，产生凹凸不平的灰白色蜡质物，从而导致树皮层被吸食干缩，切断了树体生长发育所需养分的输送途径，导致树体发育不良、代谢受阻、枝梢萎蔫、叶片轻薄，甚至整株枯死。

2. 桑白蚧的发生规律是什么？

桑白蚧1年发生2代，以第二代受精雌虫于枝干被害部位越冬。翌年3月中旬前后，大樱桃树液流动后开始吸食危害，虫体迅速膨大。越冬代成虫在4月底至5月初为产卵盛期，5月上中旬为产卵末期。产完卵的雌虫干缩死亡，卵期8～12天，呈粉红色至橘红色。5月下旬至6月上旬出现第一代若虫，6月下旬开始羽化，7月上旬为羽化盛期，成虫继续产卵于介壳下。7月末至8月上旬出现第二代若虫，8月下旬开始羽化，9月中旬为羽化盛期，交尾后雄虫死亡，雌虫继续危害至10月上旬后进入越冬状态。

3. 烟威地区桑白蚧的发生规律是什么？

烟威地区大樱桃桑白蚧一般年发生 2 代，以受精雌成虫越冬。越冬雌成虫 4 月 20 日前后开始产卵，5 月上中旬为产卵盛期，5 月中旬进入孵化盛期；第二代雌成虫产卵始期在 7 月下旬，7 月底至 8 月上旬为产卵盛期，7 月底开始孵化，8 月中旬进入孵化盛期。

4. 生长季节怎样防治桑白蚧？

若虫孵化盛期为防治的最佳时期。第一代的防治最佳时期为 5 月上中旬；第二代的防治最佳时期为 8 月中旬。可以选用阿维菌素与螺虫乙酯的复配药剂或者吡丙醚与菊酯类复配药剂，防治效果更佳。

5. 大樱桃休眠期如何杀灭桑白蚧？

（1）一般于开春发芽前结合修剪，剪除有虫枝条，或用硬毛刷刷除越冬成虫。

（2）在气温特别低的傍晚向树上的桑白蚧处喷清水，连续喷 2 遍，喷后结冰，当气温高时，冰溶解，桑白蚧也已冻死。

6. 绿盲蝽的危害症状有哪些？

绿盲蝽是一种杂食性害虫，能危害多种果树、蔬菜以及棉花、苜蓿等，近几年在果树上发生越来越重。以若虫和成虫刺吸樱桃的幼芽、嫩叶、花蕾及幼果的汁液，被害叶芽先呈现失绿斑点，随着叶片的伸展，小点逐渐变为不规则的孔洞，俗称"破叶病""破天窗"。花蕾受害后，停止发育，枯死脱落。幼果受害后，有的出现黑色坏死斑，有的出现鼓包，果肉组织坏死，大部分受害果脱落，严重影响产量。

7. 绿盲蝽的发生规律是什么？

绿盲蝽1年发生4～5代，以卵在樱桃树顶芽鳞片、杂草、病残体及浅层土壤中越冬。翌年3—4月，平均气温10 ℃以上，相对湿度达70%左右时，越冬卵开始孵化。在樱桃树发芽时上树危害幼芽、花蕾和幼果，之后转移到杂草和其他作物上危害。应在樱桃休眠期防治绿盲蝽，清除果园内外杂草，消灭越冬卵；从芽萌动开始的整个生长季均需喷药防治绿盲蝽，至少对症喷药3次以上。

8. 绿盲蝽活动力强，如何喷药可彻底杀灭？

芽萌动期至开花前，树上喷施10%氟氯·噻虫啉悬乳剂2 000倍液，谢花后间喷20%溴氰·吡虫啉悬浮剂3 000倍液（不伤蜂）2～3次消灭若虫与成虫。喷药时将地面杂草一起喷施。喷药最好两个人对向进行。

9. 梨小食心虫的危害症状有哪些？

受到梨小食心虫危害的大樱桃幼树会出现"折梢现象"，对幼树危害十分严重，有的大樱桃园建园不久，出现大量梨小食心虫危害，梨小食心虫卵孵化后蛀食大樱桃的嫩枝梢，将大樱桃树的顶尖折断，并且可以转株危害，如果不及时防治，一个新大樱桃园80%～90%的新梢都会受到梨小食心虫的危害，对大樱桃幼树的正常生长有很大影响。

10. **梨小食心虫的发生规律是什么？**

　　梨小食心虫在大樱桃园内一般每年发生 3 代，第一代梨小食心虫常在 5 月出现危害大樱桃嫩枝梢，在 6 月 20 日之后至 7 月 10 日发生第二代，一般 7—8 月，梨小食心虫转移危害梨树的果实。梨小食心虫成虫在大樱桃的幼嫩枝梢部位产卵，幼虫孵化之后即可啃食嫩枝，然后钻入内部进行危害，过几天之后嫩梢部位有虫蛀的小孔，小孔内以及周围有颗粒状虫屎，并伴有流胶，梨小食心虫只喜欢幼嫩的枝梢，对于老熟的部分不喜欢，一般从钻蛀部位向下危害，啃食至木质化部位，之后爬出转株危害。

11. **如何防治梨小食心虫？**

　　（1）尽量避免混栽。 一般大樱桃上的梨小食心虫主要来自于梨树、苹果树、桃树等。如果将这几种果树与大樱桃树混栽，就容易引发梨小食心虫危害，因此，应尽可能地避免，这样有利于减轻危害。

　　（2）一般在 5—6 月进行人工捕杀。 当新生枝梢尖端出现萎蔫时说明已经有梨小食心虫危害，这时候可进行人工修剪，剪掉受害的枝梢部位，进行集中销毁。在 8—9 月，开始在树干上制作害虫越冬的场所，或者用稻草等缠绕，等待害虫进入后，取下消灭。也可在大樱桃的整个生长季，悬挂带有性诱剂的器皿诱捕成虫。

　　（3）利用天敌。 梨小食心虫的天敌有松毛虫赤眼蜂，要注意保护利用，尽量减少化学药剂的使用，或者定期释放人工培养的松毛虫赤眼蜂。

　　（4）药剂防治。 梨小食心虫常在土中羽化，因此，可在入冬前或者春季结合中耕撒施辛硫磷颗粒剂，对土壤中的害虫有一定的防效。一般在 4 月中下旬至 8 月初，可观察到有羽化的梨小食心虫成虫出现并产卵，此时可用 35％氯虫苯甲酰胺水分散粒剂2 000 倍液进行喷洒。

12. 危害大樱桃的红蜘蛛种类及其危害症状是什么？

红蜘蛛有多种类型，危害大樱桃的主要是山楂红蜘蛛，又名山楂叶螨、樱桃红蜘蛛，属于蛛形纲蜱螨目叶螨科，分布很广，遍及南北各地。成螨、幼螨、若螨均刺吸叶片组织、芽、果实的汁液，被害叶片初期呈现灰白色失绿小斑点，随后扩大连片。芽严重受害后不能继续萌发，变黄、干枯。严重时全叶苍白枯焦早落，常造成二次发芽开花，削弱树势，不仅当年果实不能成熟，还影响花芽形成和下一年的产量。大量发生的年份，7—8 月常大量落叶，导致二次开花。

13. 山楂红蜘蛛的发生规律是什么？

北方每年发生 5～13 代，以受精雌螨在树体缝隙及树干基部附近土缝里群集越冬。翌年春季日平均气温达 9～10 ℃时出蛰危害芽，展叶后到叶背危害，整个出蛰期有 40 多天，取食 7～8 天后开始产卵，盛花期为产卵盛期，卵期 8～10 天。落花后 7～8天卵基本孵化完毕，同时出现第一代成螨，第一代卵在落花后30 多天达孵化盛期，此时各虫态同时存在，世代重叠。一般 6 月前温度低，完成 1 代需 20 多天，虫量增加缓慢，夏季高温干旱时 9～15 天即可完成 1 代，卵期 4～6 天，麦收前后为全年发生的高峰期，受害严重植株常早期落叶，之后由于食料不足，山楂红蜘蛛提前越冬。食料正常的情况下，进入雨季加天敌数量的增长，致山楂红蜘蛛数量显著下降，至 9 月可再次上升，危害至

10 月陆续以末代受精雌螨潜伏越冬。成、若、幼螨均喜在叶背群集危害，有吐丝结网习性，田间雌螨占 60%～85%。春、秋两季平均每雌螨产卵 70～80 粒，夏季每雌螨产卵 20～30 粒。春、秋两季雌螨寿命为 20～30 天，夏季为 7～8 天。

14. 应如何防治山楂红蜘蛛？

（1）**保护和引入天敌。**山楂红蜘蛛的天敌有食螨瓢虫、小花蝽、草蛉、蓟马、捕食螨等数 10 种。尽量减少杀虫剂的使用次数或使用不杀伤天敌的药剂以保护天敌，特别是花后大量天敌相继上树，无需喷药治螨也可把螨控制在允许水平以下；果树休眠期刮除老皮，重点是去除主枝分杈以上老皮；幼树山楂红蜘蛛主要在树干基部土缝里越冬，可在树干基部培土拍实，防止越冬螨出蛰上树。

（2）**化学防治。**花前是药剂防治叶螨和多种害虫的最佳施药时期，在做好虫情测报的基础上，及时全面进行药剂防治，可将害虫控制在危害繁殖之前。可选用乙唑螨腈或乙螨唑类药剂杀灭山楂红蜘蛛。

15. 哈虫的危害症状有哪些？

哈虫是红颈天牛的幼虫，红颈天牛主要危害树体木质部，卵多产于树势衰弱枝干树皮缝隙中，幼虫孵出后向下蛀食韧皮部。翌年春天幼虫恢复活动后，继续向下由皮层逐渐蛀食至木质部表层，初期形成短浅的椭圆形蛀道，中部凹陷。6 月以后由蛀道中部蛀入木质部，蛀道不规则。随后幼虫由上向下蛀食，在树干中蛀成弯曲无规则的孔道，有的孔道长达 50 厘米。仔细观察，在树干蛀孔外和地面上常有大量排出的红褐色粪屑。遭受红颈天牛危害的植株寿命缩短 10 年左右，因其以幼虫蛀食树干，削弱树势，严重时可致整株枯死。

16. 红颈天牛的发生规律是什么？

此虫一般 2 年发生 1 代，少数 3 年发生 1 代，以幼龄幼虫和老熟幼虫越冬。成虫于 5—8 月出现；各地成虫出现期自南至北依次推迟。山东地区的成虫于 7 月上旬至 8 月中旬出现；成虫羽化后在树干蛀道中停留 3～5 天后外出活动。雌成虫遇惊扰即飞逃，雄成虫则多走避或自树上坠下落入草中。成虫外出活动 2～3 天后开始交尾产卵，常见成虫于午间在枝条上栖息或交尾，卵产在枝干树皮缝隙中，幼壮树仅主干上有裂缝，老树主干和主枝基部都有裂缝可以产卵。一般近土面 35 厘米以内树干产卵最多，产卵期 5～7 天，产卵后不久雌成虫便死去。卵经过 7～8 天孵化为幼虫，幼虫孵出后向下蛀食韧皮部，当年生长至6～10 毫米，就在此处越冬；翌年春天幼虫恢复活动，继续向下由皮层逐渐蛀食至木质部表层，先形成短浅的椭圆形蛀道，中部凹陷；至夏天体长 30 毫米左右时，由蛀道中部蛀入木质部深处，蛀道不规则，入冬后成长的幼虫即在此蛀道中越冬；第三年春继续蛀害，4—6 月幼虫老熟时用分泌物黏结木屑在蛀道内作蛹室化蛹。幼虫期历时约 1 年 11 个月。蛹室在蛀道的末端，幼虫越冬前就做好了通向外界的羽化孔，未羽化外出前，孔外树皮仍保持完好。幼虫一生钻蛀隧道全长 50～60厘米。

17. 红颈天牛什么时间防治最佳？

红颈天牛的最佳防治时间（烟台地区）一般在 7 月上旬至8 月中旬的成虫集中羽化期，以及 7 月中下旬至 8 中下旬的幼虫集中孵化期。

18. *如何防治红颈天牛？*

一般可采用人工捕捉、化学药剂防治及糖醋液诱捕等方法杀灭红颈天牛。红颈天牛的产卵期一般在每年的 7 月上旬至 8 月下旬，成虫将卵产于树干老翘皮缝隙处，此时可到果园对卵块进行集中捻杀；在杀灭红颈天牛的幼虫时，可用菊酯类药剂调配合适比例药液，将药液注入幼虫危害的孔洞内，然后用棉球或湿泥土将孔堵住，可有效杀灭树干内的天牛幼虫。卵初孵化为幼虫时，一般潜藏在树皮内，还没有开始向树干内驻食，此时可采用杀虫剂涂干法将初孵化的幼虫杀灭，一般选择虱螨脲＋菊酯类药剂兑水涂干。

19. *小绿叶蝉的危害症状有哪些？*

以成虫、若虫刺吸植物汁液危害。早期吸食嫩芽、叶和花。落花后在叶片背面取食，被害叶片出现失绿白色斑点，严重时全树叶片呈苍白色，提早落叶，使树势衰落。成虫在枝条树皮内产卵，造成枝干损伤，水分蒸发量增加，影响植株安全越冬，导致抽条或发生冻害，影响次年花芽发育与形成，还会传播果实病毒病。

20. *小绿叶蝉的发生规律是什么？*

小绿叶蝉一年发生 4～6 代，以成虫在草丛、落叶下等处越冬。来年春季大樱桃发芽后开始出蛰，飞到树上刺吸汁液，交尾产卵，卵产于新梢内或叶片主脉里。7—9 月虫量最多，危害最重；入秋后成虫潜伏越冬。成虫白天活动，善跳，可借风力扩散。温度在 20 ℃左右且少雨时有利于此虫的活动危害。

21. 如何防治小绿叶蝉？

（1）**人工防治**。果树落叶后，彻底清扫园内杂草、落叶后集中深埋，以消灭越冬虫源。利用成虫趋光性，设置星光灯诱杀成虫。

（2）**化学防治**。在春季大樱桃树萌芽时，用 10%吡虫啉可湿性粉剂 4 000 倍液或 3%啶虫脒微乳剂 2 500 倍液或 25%吡蚜酮悬浮剂 2 000～3 000 倍液均匀喷洒叶片；樱桃采果后，叶蝉发生初盛期，于树上喷洒 4.5%高效氯氰菊酯水乳剂 2 000 倍液，连同地下杂草一起喷药。

22. 果蝇的危害症状有哪些？

果蝇只危害成熟或近成熟的樱桃果实，成熟度越高受害越重。成虫将卵产在樱桃果皮下，卵孵化后以幼虫蛀食危害。幼虫先在果实表层危害，然后向果心蛀食。随着幼虫的蛀食果实逐渐软化、变褐、腐烂。受害初期的果实不易被察觉，随着幼虫的取食，受害处发软，表皮水渍状，稍用力捏便有液体冒出，进而果肉变褐。一般幼虫在果肉内 5～6 天便可发育成老熟幼虫咬破果皮脱果，一颗果实上往往有多头果蝇危害，幼虫脱果后表皮上留有多个虫眼，被蛀食后的果实很快变质腐烂，造成较大的经济损失。

23. 果蝇的发生规律是什么？

大樱桃果蝇以黑腹果蝇为主，一年可发生 10～11 代，以蛹在土壤 1～3 厘米处或烂果中越冬，5 月中旬左右，当气温达到 20 ℃左右，地温 15 ℃以上时，成虫达到羽化高峰期，成虫对樱桃果实所散发出来的甜味具有很强的趋向性，5月底第一代成虫开始产卵，6月上中旬进入成虫产卵盛期和幼虫危害盛期。成虫将卵产在成熟果实表皮内，经过1~2天，卵孵化为幼虫危害果实，造成果实软化、果肉腐烂，幼虫在果内经过5~6天老熟并咬破果皮落地化为蛹，蛹羽化为成虫后继续产卵繁殖下一代。随着樱桃果实采摘结束，成虫开始向其他树种成熟果实转移。

24. 如何防治果蝇？

休眠期及时清除果园内、周边及地埂上的杂草、垃圾和树上的烂果等，集中销毁。春季土壤解冻后，樱桃园整行覆盖黑色地膜，将地膜边缘用土压实，以切断土壤中越冬孵化的果蝇上树危害。覆盖黑色地膜还具有保水保肥、消灭杂草、稳定地温等作用。果园挂粘虫板，每亩地挂40张。有条件的地区（甘肃地区种植经验）可在大樱桃硬核开始给果实套纸袋，采收时连同纸袋一起摘下，果蝇没有与樱桃果实接触的机会，无法造成危害。纸袋为白色、半透明、单层。套袋后，果实光洁度增加，颜色鲜艳，售价高，经济效益增加。

使用药剂防治。树上喷药时，树冠内、外围均匀喷透。地面喷药时，可用菊酯类药剂＋敌敌畏，增强熏蒸作用，将果园周边、地埂、杂草丛生处等全面喷施。一般于樱桃硬核期、转色期和采收前进行树上喷药，可选用吡丙醚＋乙基多杀菌素或苦参碱（生物杀虫剂）等药剂。集中连片的果园需实行群防群治、统防统治。

25. 蛴螬的危害症状有哪些？

蛴螬是金龟子的幼虫，取食大樱桃主根及根颈的韧皮部和木质部，根系受损后，树体水分和养分输送受阻，诱发病害，叶片发黄、萎蔫、焦黄脱落，地上部分明显生长不良，树势很快衰弱，如不及时防治，严重时根皮被取食一周导致树体全面死亡。有些忽视蛴螬防治的幼龄果园，蛴螬的发病率达到80％以上，给大樱桃的生产造成严重影响。

26. 蛴螬的发生规律是什么？

成虫交配后10～15天产卵，产在松软湿润的土壤内，以水浇地最多，每头雌成虫可产卵100粒左右。蛴螬年生代数因种、因地而异。这是一类生活史较长的昆虫，一般1年1代，或2～3年1代，长者5～6年1代。

27. 如何防治蛴螬？

蛴螬发生的轻重和土壤的温度、湿度都有关系，通常在土壤温度达到13～18℃的时候活动最盛，土壤湿度高，则蛴螬的活动能力就会加强。从6月中旬开始，7月中上旬前后，这个时间段是成虫盛发期。地下浇灌氟氯氰菊酯或高效氯氟氰菊酯或菊酯类药剂与噻虫嗪复配的药物可达到较好的防效，以上药物也可在浇水后或降雨时进行地面喷施。

第十五部分

设施大樱桃升温破眠技术

1. 设施大樱桃萌芽前的管理工作有哪些？

萌芽前是指从升温到芽开始萌动的这段时间（共 30～50 天），具体管理措施包括修剪、打破休眠、温湿度控制等。

2. 设施大樱桃萌芽前如何修剪？

类似于露地栽培休眠期修剪，目的是充分利用空间，多结果。方法上以疏枝和回缩为主，少短截。原则上树冠上层适当多剪，下层少剪，改善通风透光条件，适当疏除花芽或弱枝，防止发徒长枝。切忌修剪过重，对于大枝要谨慎处理，特别是下层的主枝，即使没有多少产量，也要保留，以利保持树体平衡，主枝延长头单轴延伸。

3. 烟台地区设施大樱桃什么时间开始休眠？休眠需要多长时间？

气温正常的年份，暖棚于 10 月 1 号开始捂被休眠，冷棚相应地推迟十几天。温度在 7 ℃以下，中早熟品种休眠时间在 500～800 小时，中晚熟品种休眠时间在 800～1 200 小时。

4. 设施大樱桃休眠不足有什么危害？

休眠不足会导致开花时间不整齐、开花时间过长、坐果率低、落果严重。

5. 烟台地区设施大樱桃什么时间升温？升温前要做哪些工作？

气温正常的年份，暖棚在 12 月 10 日至 12 月 20 日开始升温，冷棚在 12 月 20 日至 12 月 30 日开始升温。升温前要先修剪，再浇水，最后喷破眠剂。

6. 设施大樱桃如何破眠？

利用破眠剂打破休眠，促进萌发。常用单氰胺（化学名称为氨基氰，简称为氰胺）。施用时间在升温后 1～2 天的下午为宜，施用浓度为 50％的单氰胺水剂 50～70 倍液，于树体均匀喷施，第二天开始拉帘升温。喷施当天要浇透水，在土壤较湿的情况下，于 8～10 天后再浇一次水为好。喷药后棚内夜间温度不要低于 5 ℃，低于 5 ℃时应取暖保温。棚内要保持相对较高湿度，干燥时在下午时段向树体喷水增湿。喷施单氰胺可使萌芽期提前15 天左右，开花和成熟期提前 10～15 天，且萌芽率明显提高，萌芽、开花整齐一致，成熟期集中，单果重和产量均有提高。

7. 喷破眠剂（单氰胺）时要注意什么问题？

喷破眠剂（单氰胺）时，棚内适宜温度为：白天 10～20 ℃，夜晚 5 ℃以上；要喷施喷匀，喷至药液在树上可向下流；喷完一遍后严禁重复喷施；喷药人员在喷药前 3 天和喷药后 3 天严禁饮酒；喷药时喷药人员要佩戴口罩、帽子、手套，做好防护。

8. 设施大樱桃栽培时如何调控温度？

通过适当提高温度来缩短升温至开花的时间；开花后，再降低温度。日光温室分高温区［昼夜温度为（24±2)℃/（14±2)℃］和低温区［昼夜温度为（17±2)℃/（5±2)℃］。不同温度管理类型之间，开花的天数相差 10～20 天。前 3～7 天为树体适应阶段，控制较低温度，之后加温，直至开花期才降低温度。无论采用哪种类型，首先要考虑到设施条件和管理水平，切勿盲目抢早。相对来说，在 15～18 ℃范围内升温 3～7 天，花前温度在 23 ℃，升温至开花需要 40 天的升温管理模式更适合广大果农。

9. 设施大樱桃栽培时如何调控湿度？

高温高湿的环境条件有利于打破休眠。湿度管理分为土壤湿度和空气湿度。土壤湿度通过浇水来完成，在不覆盖地膜的温室里，花前大概需要浇 2 次水（若第二次浇水离花期较近，容易延迟花期）；覆盖地膜的温室，只需在升温后第二至三天浇 1 次水即可。花前要保证空气湿度在 70%～80%，如湿度下降，可通过中午人工洒水进行补充。

10. 设施大樱桃栽培中升温后如何防控病虫？

升温 15 天左右，芽未吐绿、芽鳞片松动时，喷施 80%硫黄水分散粒剂 200 倍液＋15%高效氯氟氰菊酯可溶液剂 4 000 倍液＋6%EDDHA－Fe6 粉剂 3 000～4 000 倍液＋0.01%芸苔素内酯乳油 4 000 倍液的混合液。

11. 设施大樱桃栽培升温前后如何管理土肥水？

喷完破眠剂后，即可覆盖地面。沙土地可以不用划锄，直接覆盖；土壤偏黏的土地，最好进行划锄，再进行覆盖。

升温后，如果进行土壤追肥，容易破坏根系，对树体坐果有一定的影响。可以结合解冻水，加入一定量的沼液或豆饼水，随水一起施入树盘内。

1. 设施大樱桃栽培过程中如何抗旱？

（1）**地面覆盖黑地膜或无纺布。**覆盖黑地膜或无纺布可起到保温保湿的功效，减小土壤水分向空气蒸发的速率，起到保湿抗旱的作用，且可抑制杂草丛生。

（2）**果园自然生草。**生长季不要进行中耕除草，将果园中自然生长的良性浅根系杂草保留，去除深根性高秆恶性杂草，良性浅根系草类可以起到疏松土壤的作用，当干旱来临时，可减少水分蒸发，起到抗旱的作用。

（3）**适时灌溉。**根据樱桃的关键生长节点进行灌溉，切忌土壤过度干旱或忽干忽湿，一般于花前、谢花后、生理落果期后、硬核期、转色期及成熟前进行灌溉。

（4）**春季浇保水剂 1 千克。**保水剂内含有大量保湿因子，可显著提高土壤保水性能，能有效减少全年浇水 2～3 次。

2. 设施大樱桃栽培过程中如何抗寒？

（1）对于温室大棚或者暖棚，晚上放棉被保暖，一般不会发生冻害现象，不需要抗寒，但是没有棉被的凉棚或者简易棚，在冬季极度低温的情况下，有可能会发生冻死树的情况，因此需要给予一定的防寒措施。

培土：最容易受冻害的部位是根颈处，因此应在土壤上冻前将根颈处培土盖实。

（2）将石灰＋猪大油＋食盐＋水按 8：0.3：0.3：20 的比例配制，进行树干涂白，减少阳光直射，降低冻害发生概率。

（3）于土壤上冻前浇透封冻水。

（4）科学肥水管理，提高树体营养水平，从而提高树体抗寒能力。秋施基肥，加大有机肥和有效微生物菌肥的投入力度，可培肥地力，促进根系健康生长，显著增强树势，提高树体抗冻抗逆能力。

3. 如何避免设施大樱桃发生涝害死树？

（1）选用耐涝性强的砧木，如俄罗斯培育的克瑞姆斯克 5，有显著抗涝功能。

（2）选择地势高的地块建园，且要排水性好的沙质土壤。

（3）起垄栽培。

（4）建棚前于四周挖好排水沟。

（5）棚内行间自然生草。

4. 设施大樱桃栽培过程中如何控制枝条旺长？

可采取人工与化学防控结合的方法有效控制枝条旺长。人工拉枝开角可起到打破顶端优势、缓和枝势的作用，使养分回流，从而控制枝条旺长；樱桃采收后喷施控制旺长的产品，并于 7 月对一面根系进行断根修剪，8 月再断另一面根系，间隔时间为 30 天以上。

5. 如何减轻设施大樱桃畸形果现象？

多施硼、锌等微量元素，使花芽饱满；避免受到高温影响，果实采收后进入花芽分化期，棚温过高会导致花芽分化过度，从而第二年出现双棒果、畸形果概率增加，因此应及时通风降低棚内温度，同时喷洒 S-诱抗素，可诱导树体抗逆基因表达，提高树体抗高温能力，从而降低畸形果的发生概率。

6. 设施大樱桃栽培过程中如何促使主干上多发新枝？

一般可以进行人工干预，如早春进行人工刻芽或涂抹发枝素，刻芽应在樱桃芽开始萌动时进行，刻芽不宜过早，过早不利于伤口愈合，且易导致樱桃早衰。

7. 设施大樱桃栽培过程中如何促使早成花、花芽多？

首先确保修剪得当，前期促使主干多发侧枝，避免造成"上强现象"，而下部或内部出现"光头现象"，使樱桃树呈中庸态势；6月和8月各喷1次成花宝组合，成花宝组合含有矮壮素、亚磷酸钾等安全控制旺长成分，可有效控制营养生长，促使营养及时向芽体回流，使花芽饱满、树势中庸，有利于大樱桃早成花且成花多。

8. 如何预防低温倒春寒？

开花前全园浇水，改变果园小气候；开花前全树喷胺鲜酯＋海藻酸类叶面肥，可显著缓解冻害现象。注意收听天气预报，当预报当晚会出现低温时，在园内点火生烟，提高果园局部温度；发生低温霜冻后6小时，全树喷施1次含有5-氨基乙酰丙酸的叶面肥，可缓解冻害带来的后遗症；低温时在树上喷水，可有效预防冻害的发生。

9. 为什么大樱桃开花容易坐果难？

坐果率低的原因很多，主要有以下几个方面：

(1) 当日平均气温在 15 ℃左右即可开花，烟台地区一般在 4 月中下旬开花，花期 7~14 天，如果花期遇到高温天气，开花至谢花只有 3~4 天，严重影响大樱桃花的授粉时间，导致坐果率很低。

(2) 开花前后遇到低温霜冻天气，冻坏花蕾，影响了坐果率。

(3) 根据笔者观察，开花时花的雌蕊高于雄蕊，或者雄雌蕊等长可正常坐果，但如果因花芽分化期养分不足，导致花的雌蕊明显低于雄蕊，或者雌蕊缺乏，会使坐果率低。

彩图 1　品种：蜜露

彩图 2　品种：鲁玉

彩图3　品种：鲁樱5号

彩图4　品种：俄罗斯8号

彩图5 品种：美早

彩图6 品种：科迪亚

彩图7　矮化密植立柱形大樱桃